彩图 1　穗花韭

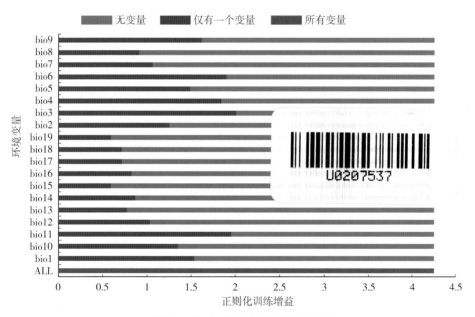

彩图 2　基于刀切法的环境因子分析

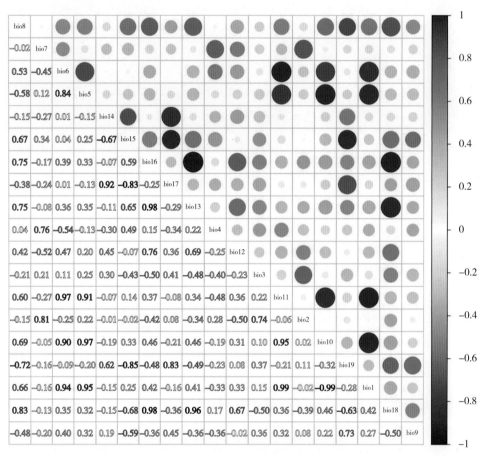

彩图 3　环境因子的相关性分析热图

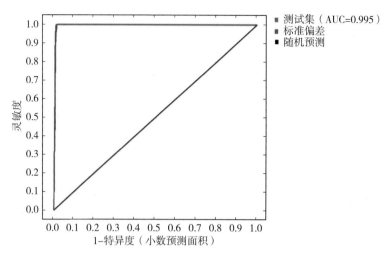

彩图 4 MaxEnt 模型初次模拟的 ROC 曲线

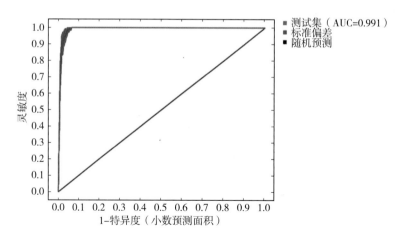

彩图 5 MaxEnt 模型优化后模拟的 ROC 曲线

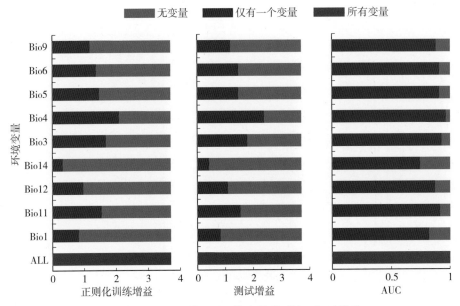

彩图 6　MaxEnt 模型对环境变量重要性刀切法检验

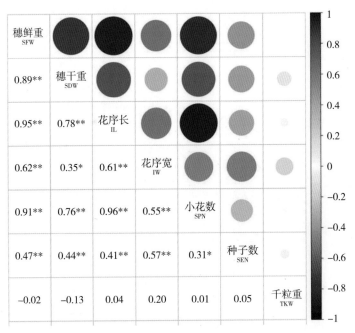

彩图 7　穗花韭居群间结实性状相关分析

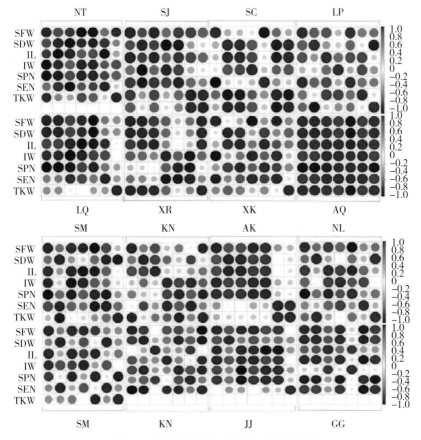

彩图 8　穗花韭居群内结实性状相关分析

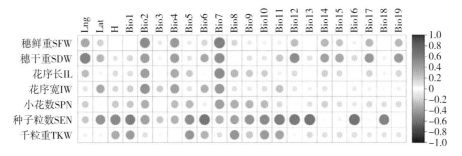

彩图 9　穗花韭结实性状与环境气候因子的偏相关分析

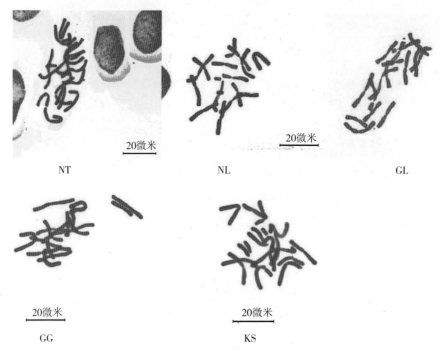

彩图 10　不同居群穗花韭有丝分裂中期染色体

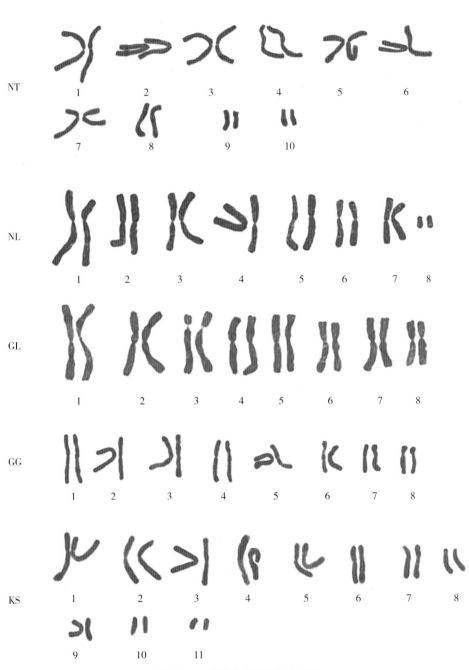

彩图 11　不同居群穗花韭核型图

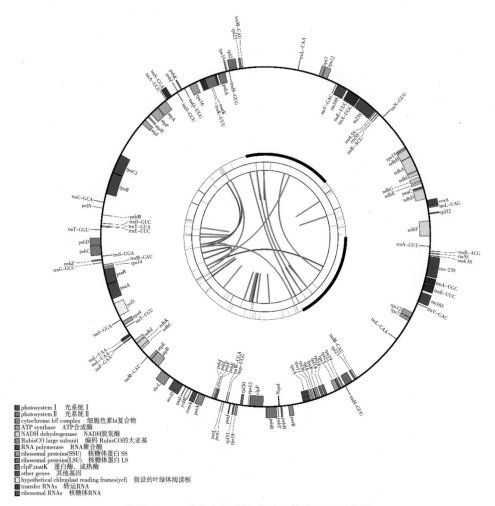

彩图 12　SJ 采集点的穗花韭叶绿体基因组环状图

注：叶绿体基因组图谱。圆圈内的基因是顺时针转录的，外面的是逆时针转录的。不同功能的基因用不同的颜色编码。内圆中的深灰色显示 GC 内容，而浅灰色显示 AT 内容（内圆中的虚线区域表示 GC 叶绿体基因组的含量）。

穗花韭遗传多样性
及营养成分研究

吴海艳 著

中国农业出版社
北 京

图书在版编目（CIP）数据

穗花韭遗传多样性及营养成分研究／吴海艳著. —
北京：中国农业出版社，2024.5
　　ISBN 978-7-109-31802-1

　　Ⅰ.①穗… Ⅱ.①吴… Ⅲ.①葱属－遗传多样性－研
究②葱属－营养成分－研究　Ⅳ.①Q949.71

中国国家版本馆 CIP 数据核字（2024）第 055413 号

中国农业出版社出版

地址：北京市朝阳区麦子店街 18 号楼
邮编：100125
责任编辑：司雪飞
版式设计：杨　婧　责任校对：范　琳
印刷：北京中兴印刷有限公司
版次：2024 年 5 月第 1 版
印次：2024 年 5 月北京第 1 次印刷
发行：新华书店北京发行所
开本：700mm×1000mm　1/16
印张：8.5　　插页：4
字数：130 千字
定价：78.00 元

目　　录

第一章 绪 论

1.1 研究背景和意义

生物多样性（biological diversity 或 biodiversity）是指地球上生物圈中所有的生物以及它们所拥有的基因和生存环境。它包含遗传多样性、物种多样性、生态系统多样性[1]，是地球生命与环境相互作用的历史产物[2]。西藏是全球高海拔生物多样性最丰富的区域，享有高寒生物自然种质库之称，是世界山地生物物种最主要的分化与形成中心，是全球 25 个生物多样性热点地区之一。杨明等[3]指出：国内具有全球保护意义的陆地生态系统生物多样性关键地区，如喜马拉雅南坡、高黎贡山，是目前战略生物资源收集的薄弱甚至空白地区。种质资源得以保存利用的首要环节就是广泛采集、精准评价、深入挖掘和保护利用相关的深入系统研究。

由于人类活动和全球气候变化，野生生物种质资源面临前所未有的危机，威胁着人类社会自身的可持续发展。2020 年 12 月，中央经济工作会议明确提出，要加强种质资源保护和利用，加强种子库建设。近几年西藏自治区草业所每年有计划地收集西藏野生牧草种质资源[4]。为了增加葱属植物的栽培种类、挖掘优异基因，2017 年建设"中-乌全球葱园"[5]，欧洲专门成立了葱属植物工作组，专门从事葱属植物种质资源评价工作[6]。

葱属（*Allium*）植物为单子叶多年生草本植物，隶属于广义百合科（Liliaceae），总数超 800 种，是百合科最大的属之一，主要分布在季节性干旱地区，其中中亚是葱属植物主要分布地和多样性中心。中国现有 140 个种、13 个变种和 1 个亚种[7-8]。据《中国植物志》和《西藏植物志》记载[9-10]，西藏境内分布的葱属植物有 22 种，日喀则地区分布的有 8 种，分别为粗根韭（*A. fasciculatum*）、太白韭（*A. prattii*）、帕里韭（*A. phariense*）、多星韭（*A. wallichii*）、青甘韭（*A. przewalskianum*）、野葱（*A. chrysanthum*）、高山韭（*A. sikkimense*）、镰叶韭（*A. carolinianum*）。穗花韭（*Milula spicata* Prain）外形似葱韭类，有葱蒜味，不同于葱属植物伞形花序的是它具有狗尾草似的密穗状花序，原作为单种属植物归于穗花韭属（*Milula*），随着分子生物学的发展，现穗花韭已被修订为 *Allium spicatum* (Prain) N. Friesen[11-12]。因此，目前已知在日喀则地区分布的葱属植物包括穗花韭在内共有 9 种。利用方式现仅限于采集后简单加工成调味品进行食用。关于其植物学特性和生物学特性方面的系统研究尚有多处空白。

研究表明，野生葱属植物是重要的植物种质资源，也是重要的观赏、药用、蔬菜和饲用植物资源，开发潜力巨大[9,13-17]。然而，随着放牧、人为采挖等人类活动范围和强度的增加以及气候变化，不少野生葱属植物的适生区范围在不断缩小，因此，加强对野生葱属植物资源的调查和栽培驯化，并进行系统研究具有重要意义[13]。目前，关于穗花韭的研究多集中在对其从细胞学和分子水平进行葱属植物分类学方面的研究[11-12,18-22]，近几年从野生蔬菜利用的角度对穗花韭的遗传多样性[23]、矿质元素[24]和重金属含量[25]等方面也有一些报道，但穗花韭作为青藏高原特有种，其遗传多样性、生态适应性机制和潜在的利用价值尚不清楚，因此，从物种多样性保护和资源开发利用的角度出发，有必要对穗花韭这一青藏高原特有的乡土植物进行深入系统的研究。

1.2 国内外研究现状

1.2.1 穗花韭研究进展

穗花韭作为青藏高原的特有种，在我国主要分布在西藏南部，一般生于海拔 2 900～4 800 米含沙质的草地、山坡、灌丛中或松林下（图 1-1）。一般株高 5～25 厘米，与灌丛伴生的植株株高可达 40～60 厘米，花葶和叶近等长，8 月中下旬进入开花期，密穗状花序颜色呈现乳黄色到淡紫色最后到深紫色的变化过程，9 月中下旬进入结实期，每朵小花子房 3 室，蒴果颜色呈现浅绿色到深绿色最后到黑色的变化，种子狭卵形[9]。

图 1-1　穗花韭（吴海艳摄，见彩图 1）

经查阅植物标本馆藏情况，发现现有的穗花韭植物标本一般由青藏科考队、西藏中草药普查队、西藏考察队的成员采集，且大多标本年代久远，所采标本生育期多为开花期（表 1-1）。现有该种植物标本的标本馆有：西北农林科技大学生命科学学院植物标本馆（采集时间：1963 年）、中国科学院华南植物园标本馆（采集时间：1990 年）、中国科学院植物研究所标本馆（采集时间：1961 年、1963 年、1972 年、1974 年、1975 年、1976 年、1985 年、2017 年）、中国科学院西北高原生物研究所植物标本馆（采集时间：1963 年、1972 年、1974 年、1975 年、1976 年、1984 年）、中国科学院新疆生态与地理研究所植物标本馆（采集时间：1974 年）、北京师范大学生命科学学院植物标本馆（采集时间：2017 年）、中国科学院昆明植物研究所标本馆

（采集时间：2008 年、2010 年、2011 年）、贵州师范大学地理与环境科学学院植物标本馆（采集时间：1983 年）。

表 1-1 穗花韭标本采集情况

标本陈列馆名称	标本	采集者	时间	采集地点	采集生境
中国科学院植物研究所标本馆	有花无果	青藏队	1975.9	南木林县，仁堆区附近	山坡草丛中
中国科学院植物研究所标本馆	有花无果	青藏队	1975.9	南木林县，仁堆区附近	山坡草丛中
中国科学院植物研究所标本馆	有花无果	青藏队	1975.8	仲巴县，县城附近	山坡，沙地，草丛中
中国科学院植物研究所标本馆	有花无果	青藏队	1975.8	仲巴县，县城附近	山坡，沙地，草丛中
中国科学院植物研究所标本馆	有花无果	西藏队	1961.8	定日县，平原之南偏东	沙砾滩上小沙丘
陕西省中国科学院西北植物研究所标本馆	无花无果	杨金祥	—	日喀则，大竹卡	石质山坡
中国科学院植物研究所标本馆	有花无果	青藏队	1975.9	亚东县，堆拉区	山坡，岩屑坡
中国科学院植物研究所标本馆	有花无果	青藏队	1975.9	亚东县，堆拉区	山坡，岩屑坡
中国科学院植物研究所标本馆	有花无果	西藏中草药普查队	1972.10	拉萨市，北山	干山坡
中国科学院植物研究所标本馆	有花无果	青藏队	1976.7	普兰县，霍尔区山山坡	山坡，草原，灌丛
中国科学院植物研究所标本馆	有花无果	青藏队	1976.7	普兰县，霍尔区山山坡	山坡，草原，灌丛
中国科学院植物研究所标本馆	有花无果	青藏队	1974.9	米林县，至甲格途中	山坡，高山松林下
中国科学院植物研究所标本馆	有花无果	青藏队	1974.9	米林县，至甲格途中	山坡，高山松林下
中国科学院植物研究所标本馆	有花无果	—	1972.8	加查县，渡口背后山坡	山坡上
中国科学院植物研究所标本馆	有花无果	西藏中草药普查队	1972.10	林周县	沙质湿草地
中国科学院植物研究所标本馆	有花无果	西藏中草药普查队	1972.10	林周县，北山	阳山坡灌丛
中国科学院植物研究所标本馆	无花无果	西藏中草药普查队	1972.8	朗县，泵村	山坡草地
中国科学院新疆生态与地理研究所标本馆	—	生物研究所西藏考察队	—	西藏普兰县八格区	锦鸡儿灌丛下

（续）

标本陈列馆名称	标本	采集者	时间	采集地点	采集生境
中国科学院新疆生态与地理研究所标本馆	—	生物研究所西藏考察队	—	西藏普兰县八格区	锦鸡儿灌丛下
中国科学院植物研究所标本馆	有花无果	钟补求	1952.10	察隅县	农田边灌丛中

目前，有关穗花韭的系统研究相对较少，已有文献多为从细胞学和分子学入手进行穗花韭属和葱属的系统分类研究。Stearn，W. T. [18] 在 1960 年列出了雅鲁藏布江靠近尼泊尔西部边境区域一带葱属的关键物种，并将其栽种在英国皇家植物园邱园中，标本则陈列在大英博物馆（自然馆）里，其中就有与葱属植物很相似的穗花韭属植物，他认为二者间有密切的联系。N. Özhatay[19] 在 1978 年从英国皇家植物园种植的穗花韭中取材，对喜马拉雅地区的单种属植物穗花韭进行了细胞学研究，并与葱属进行了比较。研究结果认为该物种的染色体数目为 2n＝16，染色体基数 n＝8。虽在形态学上与葱属植物有明显的形态差异，但其核型表明它与葱属有非常密切的关系。Friesen 等[12] 在 2000 年利用核糖体 DNA 内部转录间隔区（ITS）序列和叶绿体 trnD（GUC）-trnT（GGU）区域的基因间间隔区序列，分析了葱属与穗花韭属的系统发育关系。2006 年 Friesen 等[20] 以 4 种其他属植物作为外类群，对 195 种葱属植物的 ITS 数据进行分析。两项研究结果都支持穗花韭属归于葱属。穗花韭被修订为 *Allium spicatum* (Prain) N. Friesen。Hongguan Tang 等人[21] 就穗花韭的起源问题开展核型研究，认为穗花韭是青藏高原特有的一种单种属，虽然形态异常，但分子系统发育研究发现它在葱属中嵌套较深，其研究的 6 个居群 31 个个体的染色体数为 2n＝20，核型公式为 2n＝20＝4M＋10SM＋6T（2sat），与 N. Özhatay 在 1978 年报告的 2n＝16，核型公式为 2n＝16＝8M＋8SM（2sat）截然不同，推测可能是同物种非整倍体变异或人为因素导致。染色体核型结果与粗根组的粗根韭和宽叶韭非常相

似，推测穗花韭是由此分支进化而来，但究竟是什么促成了这种特殊物种的形态和起源的快速进化不得而知。Xin Yang 等[22]以杯花韭（*A. cyathophorum*）、川甘韭（*A. cyathophorum* var. *farreri*）、穗花韭、滇韭（*A. mairei*）、三柱韭（*A. trifurcatum*）、钟花韭（*A. kingdonii*）6 种葱属植物为研究对象通过 Illumina HiSeq platform 进行了叶绿体基因组的比较分析，开展系统发育关系和适应性进化研究，结果表明，6 种葱属植物的叶绿体基因组为四分体结构，基因组大小范围为 152 913～154 174bp，在基因顺序、基因含量和 GC 含量方面 6 种植物间存在细微差异；杯花韭、川甘韭、滇韭与穗花韭亲缘关系较近；选择性压力可能对 6 种葱属植物的几个基因产生影响，从而有助于它们适应特定的生存环境。

近几年，有学者从野生蔬菜开发利用角度出发，对穗花韭进行了一些研究[26]。曹可凡[23]在山南、日喀则、拉萨选择了 33 个样地 165 个样本（单株）进行了"野生穗花韭的形态指标及表型多样性、野生穗花韭的 ISSR - PCR 反应体系的建立和优化，以及基于 ISSR 的野生穗花韭的遗传多样性研究"。其日喀则研究范围涉及仁布、桑珠孜、南木林、康马、岗巴、定结、定日、聂拉木、仲巴、萨嘎 10 个县。结果表明，穗花韭各表型性状具有丰富的遗传变异性和遗传多样性，总体上居群间的多样性优于居群内，利用筛选出的 ISSR 引物进行遗传多样性分析，发现青藏高原穗花韭以居群内的遗传变异为主，居群间也存在着相当程度的分化。王小宁[24]则对这 33 个居群的穗花韭地上部干样中的 Ca、K、Mg、P 等 11 种矿质元素进行了测试分析，发现各元素含量在居群间呈非一致性的显著性或极显著性差异，在北纬 $28°14'14''$～$30°25'36.51''$、东经 $83°46'25''$～$92°40'11.38''$、海拔 3 187～4 528 米范围内，部分元素含量与海拔和经纬度间有一定相关性，但总体地理位置对各类元素含量的影响较小。关志华等[25]以这 33 个居群的穗花韭干样为材料，检测了 Pb、Cr、Cd、As 和 Hg 的含量，发现不同居群的穗花韭干样重金属含量存在差异，有的居群重金属超标，考虑老百姓一般是采集新鲜叶片晒干制作调料，因此建议在食用干品时以每次少量为宜。

1.2.2 地理分布

物种分布模型（species distribution models，SDMs）是通过物种分布数据及环境数据，探讨植物对环境的适应性及其关系，进而根据植物对特定生境偏好程度的分析结果来预测植物潜在分布的一种重要工具[27-30]。目前，应用较多的模型主要有规则集遗传算法模型（genetic algorithm for rule - set prediction，GARP）、生态位因子分析（ecological niche factor analysis，ENFA）、最大熵模型（maximum entropy，Maxent）等[31-33]。其中，由 Jaynes 于 1957 年首次提出的最大熵模型（MaxEnt），因其在物种分布数据不全的情况下也能得到较好的分析结果，自 2004 年开始广泛应用于预测物种潜在分布、进化、资源保护等研究领域[34]。近年来，有学者对百合科贝母属（*Fritillaria*）、黄精属（*Polygonatum*）、重楼属（*Paris*）、假百合属（*Notholirion*）的一些植物进行了潜在适生区的分布预测，为野生植物资源的保护和人工栽培提供了重要的科学依据。魏博等[35]利用新疆贝母（*F. walujewii*）的 62 个自然分布点和气象、海拔、土壤等 15 个环境因子，通过 ArcGIS 软件和最大熵模型（MaxEnt），预测分析了该植物在不同气候变化下的潜在适生区、驱动因子及其生态位参数。结果表明，气候和海拔是影响新疆贝母潜在分布的限制因子。姚鑫等[36]利用滇黄精（*P. kingianum*）151 个物种分布点数据和气候数据通过 MaxEnt 模型预测其潜在适宜分布区，并进行气候适宜性分析。结果表明，限制滇黄精分布的主要气候变量为最冷月最低温度、7 月最低温度、5～8 月太阳辐射、最干月降水量、4 月和 9～11 月平均降水量。姬柳婷等[37]基于 MaxEnt 模型对北重楼（*P. verticillata*）当前和未来分布进行了模拟，发现最湿月降水量、年平均温度、等温性和 1 月降水量是影响其地理分布的主导气候因子。车乐等[38]结合气候因子和土壤环境数据，利用 MaxEnt 模型对太白米（*N. bulbuliferum*）的潜在分布及主导环境因子做了分析，发现影响太白米分布的主要环境因素有年均降水量、海拔、1 月最低温、1 月降水量、土壤 pH 等。莫忠妹[39]采用叶绿体基因分析和 ISSR 遗传多样性分析，结合地理分布数据和气候数据，采用 MaxEnt 模型预测薤白（*A. macrostemon*）在各个时期的潜在分布区。

1.2.3 植物群落特征

群落是一定时间内居住在一定空间范围内的生物种群的集合，它包括植物、动物、微生物等各个物种的种群，共同组成生态系统中有生命的部分，其结构和物种组成决定了生物多样性的呈现[40]。植物群落是开发、利用和保护生物资源的前提，它汇聚了各类生物资源，是物种的载体，是提供生态系统功能的主体，是土地基本属性的综合指标，因此，对植物群落的研究是植物生态学研究的一个重要内容[41]。生物多样性是人类赖以生存的条件，是影响生态系统功能和稳定性的关键因素之一[42-44]，是衡量生态系统内资源丰富程度、群落组织水平、生物群落与环境因子间相互关系的客观指标之一[45-46]，通过利用物种丰富度、多度、均匀度等指标能直接或间接地体现不同群落结构与生境间的差异，综合反映物种多样性的变化[47]。护理植物是指那些在其冠幅下辅助或护理其他目标物种生长发育的物种[48]。护理效应和形成机制主要有：护理植物通过冠层结构遮阴，缓冲温度产生护理效应[49]；旱生植物的深层根系从较深的土壤中吸收水分，再将其传输到表土附近的器官中，形成水力抬升作用，从而增加水分的有效性[50]；还可以增加营养成分及可获性[51]；减少食草动物的啃食[52]；对土壤中真菌和固氮菌产生影响[53]。降水、温度、湿度等时空格局的变化都会对植物的护理效应产生影响，通常护理植物多为典型的多年生植物，如灌丛、乔木、垫状植物、苔藓等，而在植物正相互作用和保育作用的物种研究中发现灌丛是主要的保育生活型，占研究总物种的 46%[54-58]。

有关葱属植物的群落结构特征研究相对较少。赵一之[59-60]从植物分类学角度，于 1993 年和 1994 年对内蒙古葱属植物的种类及生境进行了调查分析，认为在内蒙古境内葱属植物主要集中分布于草原区和荒漠区的山地上，且以中生植物为主，其次是旱生植物。刘世增[61]采用野外抽样调查和走访相结合的方法对甘肃沙葱的分布区域、群落结构特征进行了研究，结果认为甘肃沙葱主要分布在河西走廊北部荒漠区、白银和兰州的西北部部分县（区）的黄土低山丘陵区，群落结构单一，旱生结构特征明显，适应性极强、具有地域性等特征。张莹花[62]等采用野外踏查的方法对沙葱群落优势植物、种群的多度特征等进行了调查，发现生境差异导致沙葱在不同群落中的物种组成差异很大，多为伴生种或偶见种，很少为优势种。葛欢[63]通过野外植物群落调查和室内实验相结合的方法，从群落特征、建群种生物、生态学特征等方面分析，探究多根葱（A. polyrhizum）群落的特征及建群种的生态适应性，发现多根葱草原群落草原化荒漠特征和区域环境的旱化特点及荒漠特征明显。

1.2.4 植物表型多样性及变异研究

在对植物资源进行利用前，要充分了解其生物、生态学特性和资源储量等方面的信息，在保护的前提下科学有效地对资源加以开发利用[64]。表型是指在一定环境条件下，植物所表现出的性状总和，是基因与环境共同作用的结果[65]。表型性状的鉴定和描述是种质资源研究最基本的方法和途径[66]，它是植物适应环境变异的表现和影响植物生存的主要因素之一[67]。因此，表型变异往往在适应和进化上有重要意义[68]。表型性状多样性研究是植物遗传多样性研究的重要内容之一[12]。

侯向阳等[69]以 66 份不同地理来源的羊草（Leymus chinensis）为试验材料，建立同质园，研究了羊草 5 个质量性状和 17 个数量性状的遗传多样性，并据此绘制了羊草遗传多样性地理分布图。李鸿雁[70]对收集到的 78 份葱属野生种种质资源的 14 个表型性状采用方差分析、主成分分析、聚类分析等方法进行了遗传多样性评价。结果表明内蒙古葱属种质和地理条件有一定的关系，其种质类型多样性较丰富，据此可筛选出一些优质种质资源，为葱属育种工作提供参考[71]，他还建议葱属资源的鉴定评价应广泛地从数量性状和质量性状研究入手，并结合栽培和实际生产，围绕育种进行抗性鉴定。杨塞[72]等对 30 份不同来源南荻（*Miscanthus lutarioriparius*）种质资源的 9 个农艺性状和 6 个品质性状用主成分分析和聚类分析方法进行了综合评价，他认为南荻种质资源遗传多样性较为丰富，造成不同来源种质之间性状差异的原因既有遗传因素又有环境因素，在进行南荻目标性育种时可均衡考虑各性状指标。

结实性状随环境因子发生变异的能力不仅决定着物种的扩散能力和种群的分布格局，也是决定该物种驯化选育成功的重要因子[73]。李洪果等[74]对濒危植物格木（*Erythrophleum fordii*）种群的果荚和种子表型性状进行多样性及变异规律的研究，发现种群内的变异是格木表型变异的主要来源，年均温等温度因子是影响格木表型及分布的最主要因子，而格木种群间聚类的主要依据是果荚及其中种子的大小。刁松峰等[75]对 13 个无患子（*Sapindus mukorossi*）天然群体的 10 个种实表型性状进行比较分析，研究其群体内和群体间种实变异式样，发现群体间和群体内具有多层次的变异，引起变异的主导因子是纬度、年均温。因近些年来葱属植物在种植业、养殖业、园林造景中广泛应用[3-4]，有学者对沙葱、宽叶韭（*A. hookeri*）、碱韭（*A. polyrhizum*）、细叶韭（*A. tenuissimum*）等的结实特性进行了研究[13-16]，结果表明：干旱和人为干扰对种子产量影响较大，花序长度、花序宽度、小花数目等可作为葱属植物种质育种的选择指标。

1.2.5　染色体核型分析

植物形态性状和核型分析是种质资源评价的基础工作[76]，它们从不同水平反映了物种的遗传特征,有助于揭示物种间的亲缘关系及其遗传进化过程[77]。染色体是遗传信息的载体,对生物繁殖和遗传信息的传递具有重要意义[78]。核型体现了染色体水平的整体特征,通过对染色体核型进行分析,可确定与其他物种亲缘关系的远近,揭示遗传进化的过程和机制[79]。薛晓东等[80]对新疆阿勒泰地区分布的5个大赖草($L. racemosus$)居群和一个居群的不同个体实验材料进行了染色体的核型分析,结果表明,大赖草的遗传多样性较为丰富,尤其是在居群间表现明显,而居群内核型差异较小。

核型分析是百合科葱属植物新种报道的重要内容之一。中国约有70%的葱属植物进行了核型分析[81]。葱属植物的不同种、同种不同居群或同种同一居群内有二倍体、三倍体、四倍体、五倍体、六倍体、八倍体、九倍体和十倍体的多倍化现象,还有非整倍体存在[82]。葱属植物染色体基数有 x=7、8、9、10 和 11[83],还存在同种不同居群间或居群内核型的倍性分化[84]。大多数葱属植物的核型为 2A 型,还有 1A、2B、2C 和 3A 型[83,85-86]。葱属植物出现的形态多样性和核型分化现象与葱属植物的环境因子、生物因素、生态地理分布、土壤的要求和生殖策略有关[84]。

物种是由不同居群构成的,处在不断进化之中。对任何一个物种来说,居群包含的遗传变异越多,进化的机会就越大,对环境变化的适应能力就越强[87]。环境因素对物种遗传变异也有较大影响[88]。杨帆等[89]对新疆不同地理位置分布的葱属植物棱叶薤($A. caeruleum$)的形态性状以及核型特征进行了研究,结果表明棱叶薤居群内形态性状和倍性稳定,居群间存在形态性状分化,同时还存在二倍体、三倍体、四倍体的倍性分化。二倍体的棱叶薤的小花数目、花序高度、叶长和单株叶片数等性状表现优异,可作为观赏植物资源;而四倍体的棱叶薤是食用和观赏兼用型植物资源,三倍体的仅适合作为以花葶和叶为食用部位的食用植物资源。他认为棱叶薤是一种极具开发利用价值的新疆葱属植物资源。胡春亚等[90]在野外考察、标本核查、前人研究的基础上，基于 36 个形态学性状对葱属粗根组利用分支系统学方法进行了系统发育分析，研究发现粗根韭是该组唯一适应干旱生境的种，其短而粗壮的块状根明显是对干旱适应的响应，在西藏中部的干旱区，该种与同具肉质根的穗花韭（x＝8）往往相伴而生[91-92]，暗示了这一特征可能是因适应相似的环境选择压力而发生趋同进化的结果。他认为把该种作为一个特殊的演化类群较为合适。

遗传多样性的检测可以从形态学水平、染色体水平和分子水平上来进行，这也是目前这项研究所普遍采用的方法，各有优点和局限[87]。

1.2.6 叶绿体基因组特征

遗传多样性是生物多样性的重要组成部分，它是种内遗传多样性或遗传变异，其实质是内在遗传物质的变异[93]。目前，叶绿体基因组序列因其特有的遗传模式成为研究植物居群遗传的有力工具[94]。叶绿体（chloroplast，Cp）是绿色植物进行光合作用的场所，是植物特有的细胞器，在植物细胞中主要承担着能量转换的任务，它普遍存在于陆地植物、藻类和部分原生生物中，为植物的生长和发育提供必需的能源[95-97]。自 Ris 和 Plaut[98]在观察衣藻时最先发现叶绿体 DNA 后，Shinozaki 等[99]在烟草中获得叶绿体基因组序列并进行首次报道，标志着叶绿体基因组研究自此拉开序幕。目前学界普遍认同的叶绿体 DNA 遗传模式有：母系遗传、父系遗传和双亲遗传[100]，但研究表明大部分被子植物的叶绿体 DNA 为母系遗传[101-102]。

叶绿体 DNA 具有独立的基因组，可自我复制，一般为双链环状分子，其结构高度保守，通常包括一个大单拷贝区（Large Single Copy，LSC）、一个小单拷贝区（Small Single Copy，SSC）和两个反向重复区（Inverted Repeat Sequence，IRa 和 IRb），其大小在 107～218kb，IR 区的收缩和扩张可导致叶绿体基因组长度发生变化[103-105]。叶绿体基因组一般可编码 110～130 个基因，按照基因功能不同可分为与光合作用相关的基因、与叶绿体基因表达相关的基因、与叶绿体中生物合成相关的基因以及一些功能未知的开放阅读框[106]。因此，叶绿体基因组被广泛应用于系统发育研究、居群遗传学研究、谱系地理学研究、基因工程等[97]。近年来美丽芍药（*Paeonia mairei*）[107]、铁皮石斛（*Dendrobium candidum*）[108]、薤头（*A. chinense*）[95]、旋覆花（*Inula japonica*）[109]、藜芦属（*Veratrum*）[110]等物种的叶绿体基因组比较分析和系统发育研究相继报道。由于密码子在生物体遗传信息的 mRNA 到蛋白质的传递过程中起着关键作用，分析物种的密码子偏好性可有助于了解物种遗传信息的传递规律，因此，菠萝（*Ananas comosus*）[111]、灰毛浆果楝（*Cipadessa cinerascens*）[112]、蒺藜苜蓿（*Medicago truncatula*）[113]、沙葱[96]、糜子（*Broomcorn millet*）[114]等物种的叶绿体基因组密码子使用偏好性也得到了很多学者的关注。

1.2.7 营养成分

随着野生种质资源的减少，葱属植物种质资源保护引起了研究人员的关注。对葱属植物开展营养成分的分析研究，有助于为物种开发利用和种质资源的挖掘提供科学依据。有研究表明野生蔬菜生长在自然状态下，其营养成分大多高于栽培蔬菜，特别是维生素和无机盐含量较为突出[115]。姑丽米热·艾则孜等[116]就对 4 种野生葱属植物与 4 种栽培食用葱属植物的可溶性糖、可溶性蛋白质、维生素 C、脂肪和游离氨基酸含量进行了测定和比较分析，发现野生种和栽培种间存在明显差异，但并不是所有的野生种都比栽培种的营养成分高。李素美等[117]以山韭（*A. senescens*）和 2 个普通韭菜品种为试验材料，对其生育特性和农艺性状习性、营养成分含量、矿物元素含量、氨基酸含量等方面进行比较分析，认为山韭含有多种营养成分，氨基酸含量较高、种类全面，具有良好的开发潜力和人工栽培前景。近年来，有学者针对西藏野生葱属植物营养成分开展了一些研究。王忠红[118-119]等对产于西藏南部的宽叶韭、西藏东南部的 3 个野生韭居群的氨基酸组分、B 族维生素含量、芳香物质组成、矿质元素含量、可溶性总糖、可溶性蛋白质等指标进行了分析，对其风味物质和营养成分进行了评价，结果表明宽叶韭富含各类芳香物质，氨基酸含量总体一般，但谷氨酰胺和谷氨酸含量丰富，维生素 B_2 和人体必需矿质元素含量均较高，可能的有害元素含量低于国家限定标准。3 个居群间芳香物质及主要营养成分表现出的差异性更多在于遗传背景的差异所致，结果认为这 3 个居群在种质资源层面上具有重要的利用价值。朗杰等[120]对西藏八宿县的野生青甘韭的植物学性状、民间食用现状与观赏价值、花和叶中芳香物质、常规营养品质的差异等方面进行了分析，结果认为青甘韭花和叶中芳香物质含量差异非常明显，对其开展人工栽培研究在食用、观赏等方面具有重要应用价值。王陆州等[121]对藏东南芒康县木许居群、曲孜卡居群和左贡县绕金居群三个野生韭居群在野生环境和栽培环境下各类元素含量进行了对比分析，结果表明在两种生境下 3 个居群的 P、Ca、K、Na、Mg、Fe、Zn、Cu、B、Mn、Cr、Al 等元素含量均高于文献报道的栽培韭菜，Cd 和 As 含量均小于 GB 2762—2012 所规定限值，而 Hg 和 Cr 含量均超过国标，他认为土壤中各类元素的含量及其可利用状态对葱属植物吸收贮藏这些元素具有一定影响，但遗传因素对矿质元素的吸收代谢亦存在重要的内在调控作用。挥发性成分是构成葱属植物风味的主要物质，葱属植物种类繁多，其挥发性成分在种间差异巨大。关志华等[122]对产于青藏高原西藏区域的杯花韭、大花韭（*A. macranthum*）、野黄韭（*A. rude*）、野葱、太白韭、天蓝韭（*A. cyaneum*）、粗根韭、多星韭 8 种野生葱属植物进行挥发性香辛味物质测试分析，结果表明在 8 种植物的叶中共检测到 23 种挥发性成分，各物种间和同种不同部位间的挥发性成分差异不同。白玛央宗等[123]以康马县野生高山韭为材料，以检测挥发性成分为基础，将高山韭在辣椒粉和孜然粉中按照不同比例复配应用在烧烤中，结果认为复配高山韭含量为 8∶80～16∶80 的辣椒粉和孜然粉中葱韭香味明显，口感适合。

此外，对葱属植物的抗氧化活性[124-126]、化感作用[127]、提取物的抑菌作用[128-131]也都有研究。且围绕沙葱的研究较多，涉及抗旱特性的研究[132-133]，改善羊肉风味、提高羊肉品质[134]，提高绵羊瘤胃发酵能力的研究[135]，生理特性、功能性成分及开发利用[136]，化学成分及生物活性研究[137]等。

1.3　研究区域

研究区为西藏日喀则市。日喀则地区位于西藏自治区西南部，地理坐标为东经 82°01′～90°20′，北纬 27°13′～31°19′，平均海拔在 4 000 米以上，大致有三种气候特征：高原温带半干旱气候，高原亚寒带季风半干旱、干旱气候，高山亚热带气候。该地 5～9 月为雨季，年平均降雨量约 270.5～645.3 毫米，无霜期在 120 天以上[138]。草原可利用面积为 1 242.13×10⁴公顷，其中高寒草甸类面积最大，高寒草原类则是该地区最主要且具有高原地带性分布特征的草地类型之一[139]。

在 2021 年 8～9 月，样地踏查和采集以文献报道的县乡分布点和生境为参考[8-9,17-19]，尽可能寻找新的县乡区域分布点。通过踏查在研究区域确定 20 个穗花韭分布较为集中的居群，海拔梯度为 3 832.5～4 624.90 米，各居群依次编号为 NT、SJ、SC、ND、BL、SN、LP、LQ、XR、XK、AQ、BW、SM、KN、AK、NL、GL、KS、JJ、GG（表 1-2）。

表 1-2　穗花韭种质采样点信息

编号	采样点	海拔（米）	经度	纬度	采样时间（月.日）	物候期
NT	南木林县土布加乡	3 832.50	89.587 4°E	29.364 7°N	8.30	初花期
SJ	桑珠孜区江当乡	3 904.27	89.301 1°E	29.259 4°N	8.30	初花期

（续）

编号	采样点	海拔（米）	经度	纬度	采样时间（月.日）	物候期
SC	萨迦县扯休乡	3 928.30	88.422 6°E	29.153 5°N	9.6	盛花期-结实初期
ND	南木林县多角乡	3 947.90	89.064 9°E	29.435 6°N	8.31	初花期
BL	白朗县洛江镇	3 978.40	89.248 2°E	29.091 3°N	9.8	盛花期
SN	桑珠孜区聂如雄乡	4 029.50	88.640 6°E	29.234 1°N	9.6	盛花期
LP	拉孜县彭措林乡	4 058.80	87.829 2°E	29.446 8°N	9.2	盛花期
LQ	拉孜县曲下镇	4 080.70	87.642 1°E	29.042 9°N	9.3	盛花期
XR	谢通门县仁钦则乡	4 141.50	88.507 2°E	29.483 8°N	9.1	初花期
XK	谢通门县卡嘎镇	4 152.10	88.289 3°E	29.429 7°N	9.2	盛花期
AQ	昂仁县秋窝乡	4 197.40	87.308 0°E	29.393 0°N	9.2	初花期
BW	白朗县旺丹乡	4 275.80	89.127 9°E	28.831 0°N	9.8	盛花期
SM	萨迦县麻布加乡	4 311.00	87.855 7°E	28.713 6°N	9.4	盛花期-结实初期
KN	康马县涅如麦乡	4 331.00	89.887 0°E	28.733 0°N	9.12	盛花期-结实初期
AK	昂仁县卡嘎镇	4 338.60	87.147 5°E	29.400 3°N	9.3	结实期
NL	南木林县拉布普乡	4 388.10	89.382 9°E	29.911 5°N	8.31	盛花期-结实初期
GL	岗巴县龙中乡	4 456.30	88.478 8°E	28.318 2°N	9.4	盛花期
KS	康马县萨玛达乡	4 456.50	89.539 8°E	28.339 4°N	9.10	盛花期
JJ	江孜县金嘎乡	4 468.00	89.379 8°E	28.756 8°N	9.9	盛花期
GG	岗巴县岗巴镇	4 624.90	88.512 1°E	28.204 9°N	9.5	盛花期

第二章　穗花韭的潜在分布与气候适宜性分析

为探究穗花韭在当前气候条件下的潜在分布和影响其分布的主导气候因子，用 ENMTools 对已有分布数据进行去冗余分析，用 R 语言对 MaxEnt 模型进行参数优化，并基于当前 19 个气候环境因子和 106 个有效分布数据用 MaxEnt 建模，用 ArcGIS 进行适生区划分，以期为穗花韭资源的开发利用提供参考依据。

2.1　材料与方法

2.1.1　数据来源

本研究的地理分布信息数据来源于中国数字标本馆、全球多样性信息网 GBIF（http://www.gbif.org/）、已发表的文献资料[21,23-25]以及野外踏查时记录的 20 个分布点坐标，共收集到 142 个分布样点信息，利用 ENMTools（https://github.com/danlwarren/ENMTools）对其进行去冗余分析[140]，以降低因群集效应造成的取样偏差，避免过拟合，最终得到有效分布样点 106 个，并将该分布样点数据保存为 CSV 格式。

环境数据来源于世界气候环境数据库（http://www.worldclim.org）中的 19 个气候变量（bioclim），选取 19 个当前环境数据（Current，1970—2000 年），空间分辨率为 30 弧秒（1 千米分辨率栅格数据）（表 2-1），并在 ArcGis10.4.1 中将栅格数据转换为 ASCII。

表 2 - 1　本研究使用的气候因子

气候变量	代码	气候变量	代码
年均温	bio 1	最冷季度平均温度	bio 11
昼夜温差日均值	bio 2	年均降水量	bio 12
等温性	bio 3	最湿月降水量	bio 13
温度季节性变化的标准差	bio 4	最干月降水量	bio 14
最暖月最高温	bio 5	降水量变异系数	bio 15
最冷月最低温	bio 6	最湿季度降水量	bio 16
年均温变化范围	bio 7	最干季度降水量	bio 17
最湿季度平均温度	bio 8	最暖季度降水量	bio 18
最干季度平均温度	bio 9	最冷季度降水量	bio 19
最暖季度平均温度	bio 10		

2.1.2　模型分析方法

2.1.2.1　初次建模并筛选关键环境因子

利用 MaxEnt version 3.4.4 软件进行穗花韭适生区分布的初次建模，并采用受试者工作特征曲线（receiver operating characteristic curve，ROC）和曲线下面积（AUC）的大小作为模型预测准确度的衡量指标，AUC 值越接近 1，说明模型预测准确度越好[141-142]。软件设置方法：在 MaxEnt 软件中加载穗花韭有效分布数据和 19 个环境变量 ASCII 数据，选择进行环境因子响应曲线的分析（Create response curves）、刀切法（Do jackknife to measure variable importance），输出的数据类型（Output format）为 Logistic，output file type 设为 asc。参数设置在 Basic 选择 Random seed，验证数据（Random test percentage）设为 25，模型重复运行次数（Replicates）设为 10 次，重复运行的类型（Replicated run type）选择

Subsample；在 Advanced 中选择 Write plot data；其余参数默认软件设置。

用 ArcGis10.4.1 对 19 个环境变量数据进行提取，由于环境变量之间有一定的相关性，因此用 SPSS 20 对环境变量进行相关性分析，用 R3.6.3 制作相关性分析热图（用 corrplot 包）。结合相关系数和 MaxEnt 初次建模结果中各环境因子的重要值和贡献率，筛选出关键环境因子[143]。

2.1.2.2　根据模型优化结果调参做分布区预测

利用 R3.6.3 进行模型优化（用 kuenm 包）[144-145]。根据模型优化结果进行调参，并基于调参结果做分布区预测。软件设置需重新设置 Feature class 和 Regularization multiplier，其余设置方法同初次建模。并根据建模结果绘制主导穗花韭分布概率的气象因子响应曲线。

2.1.2.3　适生区划分

在 ArcGIS10.4.1 中根据优化建模结果进行中国范围的适生区划分，适生等级的划分采用自然断点法[146]。

2.2　结果与分析

2.2.1　关键环境变量的选择

基于当前时期 19 个环境因子和穗花韭有效地理分布数据，利用 MaxEnt 初次建模，得到不同环境变量对穗花韭分布的贡献率和刀切法检验的环境因子分析（表 2-2、图 2-1），结合 19 个环境变量相关性分析热图（图 2-2），筛选出影响穗花韭分布的 9 个关键环境变量 bio1、bio3、bio4、bio5、bio6、bio9、bio11、bio12、bio14。总贡献率达到 92.00%。其中，bio3 的贡献率高达 45.8%，说明昼夜温差和年温差是穗花韭生长的限制性因子。

表 2 - 2　环境变量贡献率分析

变量	百分比贡献率	置换重要值	变量	百分比贡献率	置换重要值
bio3	45.8	21.1	bio11	0.3	29.2
bio1	22.6	0.3	bio10	0.2	0
bio6	5.7	0.2	bio7	0.2	0
bio4	5.2	6.5	bio15	0.1	0.1
bio19	5	0	bio2	0.1	0
bio14	4.3	1.6	bio8	0.1	0
bio5	4.2	24.1	bio16	0	0
bio12	3.1	4	bio17	0	0
bio18	2.2	0	bio13	0	0
bio9	0.8	12.9			

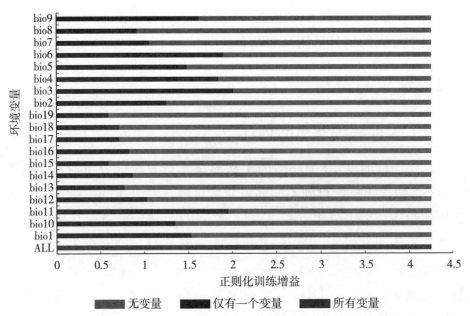

图 2-1　基于刀切法的环境因子分析（见彩图 2）

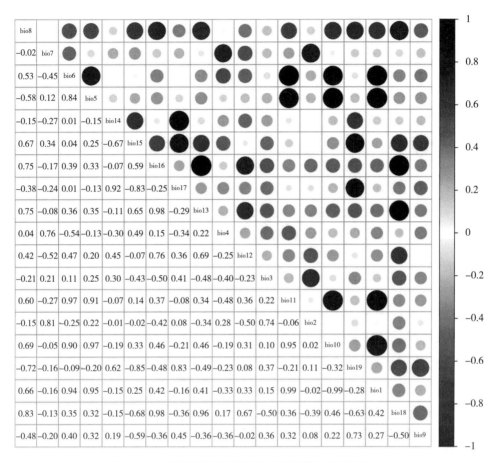

图 2-2　环境因子的相关性分析热图（见彩图 3）

2.2.2　MaxEnt 模型优化

综合考虑统计显著性、预测能力和模型复杂性，将数据的遗漏率小于 5%，delta AICc 值小于 2 且 delta AICc 值最小的参数作为最佳建模参数的选择标准[144]。本研究得出如图 2-3 所示的一组最优参数。

2.2.3　MaxEnt 模型预测精度

ROC 曲线是评估物种分布模型模拟准确性的有效方法[141]。将穗

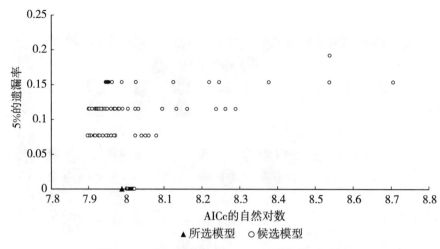

图 2-3　基于遗漏率和 AICc 的最优模型选择

花韭 106 个有效分布点和 19 个环境因子导入 MaxEnt 软件，利用刀切法和默认参数重复 10 次初次建模（图 2-4），得到 AUC 值为 0.995。而再次将穗花韭 106 个有效分布点和筛选出的 9 个关键环境因子导入 MaxEnt 软件，利用刀切法和优化后的模型参数重复 10 次进行建模（图 2-5），得到 AUC 值为 0.991。根据 AUC 阈值划分方法[146]，说明本研究利用 MaxEnt 构建的模型预测准确度极好，预测结果较为可靠。

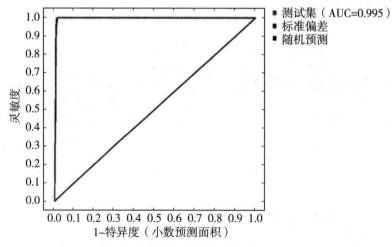

图 2-4　MaxEnt 模型初次模拟的 ROC 曲线（见彩图 4）

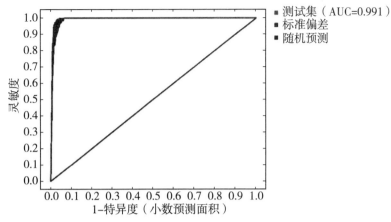

图 2-5 MaxEnt 模型优化后模拟的 ROC 曲线（见彩图 5）

2.2.4 穗花韭的适生区分布

基于 MaxEnt 二次建模结果，依据自然分割法将穗花韭的潜在分布区分为 4 个等级（表 2-3），按照分布概率 P 确定穗花韭适生区等级：$P<0.047$ 为非适生区，$0.047 \leqslant P<0.202$ 为低适生区，$0.202 \leqslant P<0.491$ 为中适生区，$0.491 \leqslant P<0.997$ 为高适生区。在当前气候条件下穗花韭在我国的高适生区面积为 11.44×10^4 平方千米，占国土面积的 1.19%，且主要分布在西藏南部。

表 2-3 当前环境条件下穗花韭适生区划分及不同适生区面积比

	高适生区	中适生区	低适生区	非适生区
分布概率	$0.491 \leqslant P<0.997$	$0.202 \leqslant P<0.491$	$0.047 \leqslant P<0.202$	$P<0.047$
面积（平方千米）	11.44×10^4	20.36×10^4	99.85×10^4	828.34×10^4
比例（%）	1.19	2.12	10.40	86.29

2.2.5 穗花韭的适生区分布与环境变量关系

利用刀切法检验当前时期 9 个关键环境变量对穗花韭潜在分布的贡献大小（图 2-6）。等温性（bio3）、年均温（bio1）、年均降水量

（bio12）、最暖月的最高温（bio5）、最干月降水量（bio14）、最冷季平均温（bio11）的贡献率分别为 47.6%、21.0%、9.0%、8.3%、5.8%、5.3%，累计贡献率达到 97.0%。因此，影响穗花韭当前分布贡献率大于 8.0%的最主要环境因子为 bio3、bio1、bio12、bio5。

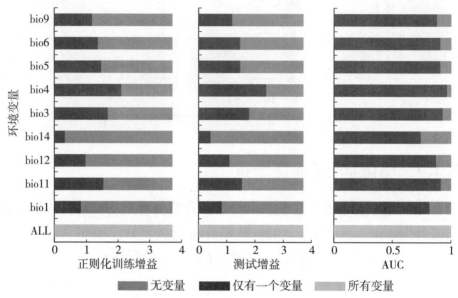

图 2-6　MaxEnt 模型对环境变量重要性刀切法检验（见彩图 6）

依据 MaxEnt 模型绘制主导穗花韭分布概率的 4 个环境因子的响应曲线。由图 2-7 可知，适生区的等温性（bio3）范围为 18.46～91.67，最适值为 44.87；年均温（bio1）范围为 -16.01～29.22℃，

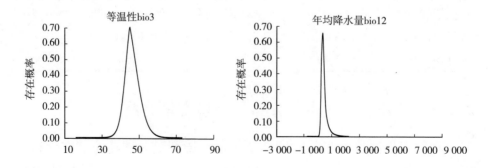

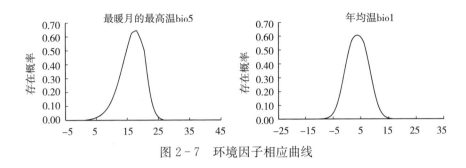

图 2-7　环境因子相应曲线

最适值为 3.78℃；年均降水量（bio12）范围为 13～7 614 毫米，最适值为 365.69 毫米；最暖月的最高温（bio5）范围为 1～43.9℃，最适值为 18.02℃。

2.3　讨论

ROC 曲线是评估物种分布模型模拟准确性的有效方法，该方法以曲线下面积值（area under curve，AUC）为衡量准确性的指标[141]，本研究利用 MaxEnt 模型并结合地理信息获得了当前气候情景下穗花韭的适生区，受试者工作特征曲线 ROC 下的面积 AUC 值大于 0.9[146]，说明预测结果的准确度和可信度极高。通过 ArcGIS 空间分析工具计算得知，穗花韭高适生区占全国面积的 1.19%，分布范围相对狭小，其适生区分布范围较已有资料所研究调查的地理分布稍有增加[9-10,21,23-25]，但主要的高适生区仍分布在西藏，说明 MaxEnt 模型预测结果与文献报道的分布区是相符的。实地调查中了解到当前穗花韭的实际分布范围较 20 世纪五六十年代有所缩小，本研究认为城市发展和人类活动等因素在一定程度上导致了穗花韭生存环境的恶化，推测在城市周边穗花韭表型显著低于高海拔地区的穗花韭也有着类似于新疆贝母等物种未来的分布范围向高纬度和高海拔地区迁移的趋势[35,175]。因此，为保护穗花韭野生资源，可对优质的野生资源设立资源保护区，扩大种群的自我繁衍，也可通过收集优良的穗花韭种质在穗花韭高适生区的城市周边开展该物种的人工驯化栽培，以加强对野生资源的保护。

在大的研究尺度上，气候是影响物种地理分布的基础性决定因子[176]。在当前气候背景下影响穗花韭分布的主导环境因子为等温性（bio3）、年均温（bio1）、年均降水量（bio12）、最暖月的最高温（bio5），贡献率均超过了 8%，尤其是等温性（bio3）的贡献高达47.6%，年均温（bio1）的贡献也达到了 21.0%。该结果可能类似于影响川贝母（*Fritillaria cirrhosa* D. Don）分布的最重要环境因子为等温性一样[143]，主要是由于昼夜温差大有利于植物在白天气温高时进行光合作用，夜间温度低时有利于积累营养物质，促进根部生长，因此，温度对穗花韭的分布更为重要。

气象因子的响应曲线也表明，适生区的等温性（bio3）最适值为44.87，年均温（bio1）最适值为 3.78℃，年均降水量（bio12）最适值为 365.69 毫米，最暖月的最高温（bio5）最适值为 18.02℃。这为穗花韭的人工栽培提供了参考依据。

2.4　小结

本研究表明，利用最大熵模型预测穗花韭当前的潜在分布区，模型优化后的 AUC 值为 0.991，模型预测结果较为可靠。当前环境条件下影响穗花韭分布的主导环境变量是等温性（bio3）、年均温（bio1）、年均降水量（bio12）、最暖月的最高温（bio5）。本研究可为穗花韭种质资源的收集、保存和利用提供理论基础。

第三章 穗花韭适生地植物群落 特征及植物多样性

以日喀则地区分布的 NT、SJ、SC、ND、SN、LP、LQ、XR、AQ、BW、SM、AK、NL、GL、KS、JJ、GG 等 17 个穗花韭天然居群为研究对象，采用样方调查法探究了随海拔梯度（3 832.5～4 624.90 米）的增加其植物群落结构、物种多样性的变化特征，以期为穗花韭的合理开发利用和人工栽培提供参考依据。

3.1 材料与方法

3.1.1 样地设置及植被调查

选择 NT、SJ、SC、ND、SN、LP、LQ、XR、AQ、BW、SM、AK、NL、GL、KS、JJ、GG 等 17 个 100 米×100 米的穗花韭典型分布样地，记录海拔、经度、纬度、生境，并在样地内选取群落结构和组成分布较为均匀的区域，按"S"形设置 1 米×1 米的代表性样方 3 个[147]，调查样方内各物种的高度、盖度、密度。

高度：每个物种随机选取 10 株，测量自然高度并计算平均值，作为该种植物的高度。

盖度：用目测法测定样方的总盖度和植物分盖度。

密度：对样方内每种植株的个体数目进行统计。

3.1.2 测定方法

植物相对高度＝（某种植物的高度/所有植物种的高度和）×100%

植物相对盖度＝（某种植物的盖度/所有植物种的盖度和）×100%

植物相对密度＝（某种植物的密度/所有植物种的密度和）×100%

植物重要值（Pi）＝（相对高度＋相对盖度＋相对密度）/3[27]

物种多样性采用植物 α 多样性和 β 多样性表示[28]。

植物 α 多样性的计算公式如下：

物种丰富度（S）：$S=$样方内物种总数

香农（Shannon－Wiener）指数（H）：$H = \sum_{i=1}^{S} P_i \ln P_i$

辛普森（Simpson 优势度指数）（D）：$D = 1 - \sum_{i=1}^{S} P_i^2$

物种均匀度指数（J）：$J = H/\ln S$

植物 β 多样性的计算公式如下：

Jaccard 指数（C_j）：$C_j = j/(a+b-j)$

Sorenson 指数（C_S）：$C_S = 2j/(a+b)$

$$\beta C_j = 1 - C_j$$

$$\beta C_S = 1 - C_S$$

式中：j 为两个样地共有种数；a 和 b 为样地 A 和样地 B 的物种数。

3.1.3 数据处理

采用 Excel 2016 对数据进行整理和绘图。用 SPSS 20 软件对数据进行描述性统计、One－Way ANONA 方差分析及 Duncan's 多重比较。

试验数据以"平均值±标准差"表示，$P < 0.05$ 表示差异显著。

3.2 结果与分析

3.2.1 穗花韭适生地植物群落结构组成

在日喀则地区穗花韭适生区的野外踏查中发现穗花韭主要分布在

灌丛草地、高寒草地、砾石山坡上。从调查的 17 个样地中，各穗花韭群落共记录到物种 49 种，隶属于 29 科 48 属。其中，菊科（Asteraceae）植物最多（7 属 8 种），其次是豆科（Leguminosae）（6 属 6 种）和禾本科（Gramineae）（5 属 5 种），百合科、莎草科（Cyperaceae）、蔷薇科（Rosaceae）、伞形科（Apiaceae）均为 2 属 2 种，其余 22 科均为 1 属 1 种。

根据群落中物种重要值的大小将所有样地中的植物群落划分为 3 种群落类型（表 3-1）。其中，Ⅰ 为白草群落，优势种为白草（Pennisetum centrasiaticum），次优势种为沙生槐（Sophora moorcroftiana）、早熟禾（Poa annua）、藏沙蒿（Artemisia wellbyi）、披碱草（Elymus nutans）、锦鸡儿（Caragana sinica）、铁线莲（Clematis florida）；Ⅱ 为披碱草群落，优势种为披碱草，次优势种为白草、藏沙蒿、针茅（Stipa capillata）；Ⅲ 为固沙草群落，优势种为固沙草（Orinus thoroldii），次优势种为藏沙蒿、沙棘（Hippophae rhamnoides）。

表 3-1　穗花韭适生地植物群落类型及其结构组成

群落编号	群落类型	样地	次优势种	生境
Ⅰ	白草群落	NT、SJ、SC、LP、AQ、JJ、SN、XR、AK、KS、BW	沙生槐、早熟禾、藏沙蒿、披碱草、锦鸡儿、铁线莲	灌丛草地、高寒草地、砾石山坡
Ⅱ	披碱草群落	ND、LQ、NL	白草、藏沙蒿、针茅	高寒草地、砾石山坡、灌丛草地
Ⅲ	固沙草群落	SM、GL、GG	藏沙蒿、沙棘	高寒草地

3.2.2　穗花韭适生地植物群落 α 多样性指数变化

对穗花韭适生地不同植物群落的 α 多样性进行分析（表 3-2），结果表明：群落间物种丰富度变化幅度为 4（GL）～9（JJ）；香农指数变化幅度为 1.11（GL）～2.06（JJ）；辛普森指数变化幅度为 0.60

（GL）～0.86（JJ）；物种均匀度指数变化幅度为 0.80（SJ）～1.43（NT）。

表 3-2　穗花韭适生地植物群落物种 α 多样性指数变化

群落	物种丰富度	香农指数	辛普森指数	物种均匀度指数
NT	4.33±2.08[hi]	1.64±0.06[bcd]	0.68±0.21[bc]	1.43±0.81[a]
SJ	7.67±0.58[abcde]	1.63±0.18[bcd]	0.74±0.07[ab]	0.80±0.06[b]
SC	7.00±1.00[abcdef]	1.72±0.27[abc]	0.79±0.08[ab]	0.89±0.09[b]
ND	5.33±1.53[fghi]	1.45±0.15[cd]	0.74±0.03[ab]	0.89±0.06[b]
SN	7.33±0.58[abcdef]	1.72±0.12[abcd]	0.78±0.03[ab]	0.86±0.03[b]
LP	8.67±0.58[ab]	1.89±0.09[ab]	0.82±0.03[ab]	0.88±0.05[b]
LQ	6.33±0.58[cdefgh]	1.64±0.13[bcd]	0.78±0.02[ab]	0.89±0.04[b]
XR	7.00±1.73[abcdef]	1.73±0.32[abc]	0.78±0.07[ab]	0.90±0.04[b]
AQ	6.00±2.00[defghi]	1.55±0.31[bcd]	0.75±0.07[ab]	0.88±0.04[b]
BW	8.00±0.00[abcd]	2.02±0.17[a]	0.85±0.02[a]	0.97±0.08[b]
SM	5.67±0.58[efghi]	1.58±0.12[bcd]	0.76±0.05[ab]	0.92±0.06[b]
AK	7.67±0.58[abcde]	1.79±0.14[abc]	0.80±0.04[ab]	0.88±0.04[b]
NL	8.33±0.58[abc]	1.80±0.12[abc]	0.78±0.05[ab]	0.85±0.04[b]
GL	4.00±0.00[i]	1.11±0.16[e]	0.60±0.09[c]	0.80±0.11[b]
KS	6.67±0.58[bcdefg]	1.75±0.19[abc]	0.80±0.05[ab]	0.92±0.06[b]
JJ	9.00±2.00[a]	2.06±0.34[a]	0.86±0.05[a]	0.94±0.06[b]
GG	4.67±0.58[ghi]	1.35±0.17[de]	0.70±0.08[bc]	0.88±0.10[b]
平均	6.69±1.75	1.67±0.28	0.76±0.09	0.92±0.22

　　对各群落内穗花韭的盖度、密度、高度和重要值进行统计分析，结果见表 3-3。穗花韭平均盖度为 15.75%，变化幅度为 5.33%（LQ）～30.67%（JJ）；穗花韭平均密度为 61.06 株/平方米，变化幅

度为 17.00 株/平方米（SJ）～166.67 株/平方米（SC）；穗花韭平均高度为 12.80 厘米，变化幅度为 2.00 厘米（ND）～36.00 厘米（BW）；穗花韭平均重要值为 13.54%，变化幅度为 8.40%（LP）～23.52%（NT）。

表 3-3　穗花韭适生地植物群落物种 α 多样性特征

群落	穗花韭盖度 （%）	穗花韭密度 （株/平方米）	穗花韭高度 （厘米）	穗花韭重要值 （%）
NT	16.67±4.16[ef]	23.00±2.65[ij]	29.00±5.93[b]	23.52±8.71[a]
SJ	11.67±2.08[gh]	17.00±3.00[j]	17.50±3.25[c]	9.19±3.34[c]
SC	23.33±2.52[c]	166.67±4.04[a]	15.45±2.04[cd]	11.36±2.24[bc]
ND	12.67±2.52[fg]	19.33±4.16[ij]	2.00±0.87[h]	12.53±6.04[bc]
SN	10.00±1.00[ghi]	49.33±8.08[fg]	4.39±0.10[gh]	11.06±1.75[bc]
LP	10.67±1.15[gh]	48.33±5.86[fg]	5.61±0.95[fgh]	8.40±1.85[c]
LQ	5.33±0.58[i]	64.00±4.00[e]	4.39±0.10[gh]	9.86±2.61[c]
XR	7.33±1.15[hi]	36.67±6.66[h]	2.91±1.54[h]	12.09±6.53[bc]
AQ	10.00±1.00[ghi]	63.33±4.73[e]	8.33±1.00[efg]	11.70±4.56[bc]
BW	18.33±2.89[de]	27.67±2.52[i]	36.00±4.16[a]	10.16±2.52[c]
SM	12.00±2.00[fgh]	45.33±4.16[gh]	18.11±1.34[c]	15.73±1.34[abc]
AK	26.00±5.29[bc]	116.00±8.54[c]	15.22±4.02[cd]	14.23±0.92[bc]
NL	22.00±2.65[cd]	64.67±5.03[e]	10.50±1.37[e]	13.13±4.03[bc]
GL	12.67±1.53[fg]	57.33±3.51[ef]	8.89±0.84[ef]	19.00±1.57[ab]
KS	28.33±3.51[ab]	125.33±9.02[b]	11.67±1.53[de]	15.07±0.50[bc]
JJ	30.67±4.04[a]	90.00±5.00[d]	15.66±1.53[cd]	13.58±3.19[bc]
GG	10.00±2.00[ghi]	24.00±4.00[ij]	12.00±2.02[de]	19.50±9.48[ab]
平均	15.75±7.84	61.06±41.18	12.80±9.13	13.54±5.38

3.2.3 穗花韭适生地植物群落 α 多样性指数相关性分析

穗花韭适生地植物群落 α 多样性指数相关关系如表 3－4 所示。香农指数与物种丰富度呈极显著正相关关系（$P<0.01$）；辛普森指数与物种丰富度、香农指数呈极显著正相关关系（$P<0.01$）；物种均匀度与物种丰富度、辛普森指数呈显著负相关关系（$P<0.05$）；穗花韭盖度与物种丰富度、香农指数呈显著正相关关系（$P<0.05$）；穗花韭密度与穗花韭盖度呈极显著正相关关系（$P<0.01$）；穗花韭高度与穗花韭盖度呈显著正相关关系（$P<0.05$）；穗花韭重要值与物种丰富度、香农指数、辛普森指数呈极显著负相关关系（$P<0.01$），与物种均匀度呈显著正相关关系（$P<0.05$）。

表 3－4　穗花韭种群特征与群落物种多样性间相关性

	物种丰富度	香农指数	辛普森指数	物种均匀度	穗花韭盖度	穗花韭密度	穗花韭高度	穗花韭重要值
丰富度	1.00							
香农指数	0.83**	1.00						
辛普森指数	0.79**	0.80**	1.00					
物种均匀度	−0.31*	0.16	−0.32*	1.00				
穗花韭盖度	0.28*	0.34*	0.23	0.09	1.00			
穗花韭密度	0.21	0.19	0.22	−0.12	0.65**	1.00		
穗花韭高度	0.04	0.26	0.09	0.30*	0.35*	−0.06	1.00	
穗花韭重要值	−0.64**	−0.39**	−0.51**	0.52**	0.14	−0.07	0.18	1.00

注：＊表示在 0.05 水平上显著相关，＊＊表示在 0.01 水平上显著相关（Pearson 相关分析）。

3.2.4 穗花韭适生地植物群落 β 多样性指数变化

随着海拔梯度的增加，穗花韭不同居群的 β 多样性指数二元属性数据矩阵如表 3－5 所示，同时为了比较 β 多样性的变化速率，将同一样地与其他样地的 βC_j 和 βC_s 进行作图（图 3－1）。由图 3－1 可知，随着海拔高度上升，βC_j 和 βC_s 的总体变化趋势相似。NL 和 GL 的 β 多样性最高，其次是 GL 和 KS，物种替代速率快，生境梯度的变化迅速。NL 是披碱草为优势种的群落，GL 是以固沙草为优势种的群落，KS 是以白草为优势种的群落。LQ 和 XR 的 β 多样性最低，群落较为相似，共有种较多。

表 3－5　穗花韭适生地植物群落 β 多样性指数

群落	NT	SJ	SC	ND	SN	LP	LQ	XR	AQ	BW	SM	KN	AK	NL	GL	KS	JJ	GG
NT	1	0.78	0.81	0.6	0.8	0.75	0.77	0.8	0.79	0.82	0.75	0.83	0.8	0.95	0.82	0.79	0.86	0.56
SJ	0.64	1	0.58	0.78	0.63	0.78	0.74	0.82	0.68	0.67	0.79	0.68	0.76	0.76	0.83	0.75	0.73	0.76
SC	0.68	0.41	1	0.54	0.56	0.44	0.5	0.65	0.43	0.53	0.82	0.7	0.47	0.73	0.88	0.63	0.64	0.71
ND	0.43	0.64	0.37	1	0.62	0.67	0.67	0.71	0.69	0.75	0.85	0.69	0.62	0.9	0.92	0.69	0.81	0.7
SN	0.67	0.46	0.39	0.44	1	0.59	0.67	0.63	0.69	0.67	0.73	0.61	0.53	0.83	0.87	0.76	0.79	0.69
LP	0.60	0.64	0.28	0.50	0.42	1	0.63	0.59	0.56	0.7	0.83	0.77	0.59	0.74	0.81	0.72	0.76	0.64
LQ	0.63	0.58	0.33	0.50	0.50	0.45	1	0.46	0.42	0.71	0.56	0.57	0.75	0.75	0.54	0.77	0.64	
XR	0.67	0.69	0.48	0.56	0.45	0.42	0.30	1	0.5	0.74	0.73	0.53	0.43	0.83	0.79	0.69	0.79	0.69
AQ	0.65	0.52	0.27	0.53	0.52	0.39	0.26	0.33	1	0.72	0.71	0.67	0.38	0.7	0.86	0.67	0.73	0.67
BW	0.70	0.50	0.36	0.60	0.50	0.54	0.55	0.58	0.57	1	0.83	0.77	0.67	0.84	0.88	0.65	0.71	0.73
SM	0.60	0.65	0.70	0.73	0.58	0.71	0.65	0.58	0.56	0.71	1	0.71	0.64	0.91	0.6	0.8	0.76	0.6
KN	0.71	0.52	0.54	0.52	0.44	0.63	0.39	0.36	0.50	0.63	0.55	1	0.68	0.85	0.75	0.67	0.72	0.67
AK	0.67	0.62	0.30	0.52	0.36	0.42	0.34	0.27	0.24	0.50	0.47	0.52	1	0.83	0.87	0.69	0.68	0.69
NL	0.91	0.61	0.57	0.83	0.70	0.59	0.60	0.70	0.54	0.72	0.83	0.73	0.7	1	0.9	0.82	0.83	0.9
GL	0.69	0.71	0.78	0.85	0.76	0.68	0.60	0.65	0.75	0.79	0.43	0.60	0.76	0.82	1	0.86	0.86	0.5
KS	0.65	0.60	0.45	0.53	0.62	0.57	0.37	0.52	0.50	0.48	0.67	0.50	0.52	0.69	0.75	1	0.6	0.67
JJ	0.76	0.58	0.47	0.68	0.66	0.61	0.63	0.66	0.57	0.55	0.62	0.56	0.52	0.71	0.75	0.43	1	0.8
GG	0.38	0.62	0.56	0.54	0.53	0.47	0.47	0.53	0.50	0.58	0.43	0.5	0.53	0.82	0.33	0.50	0.67	1

注：对角线上方为 βC_j 多样性指数，对角线下方为 βC_s 多样性指数。

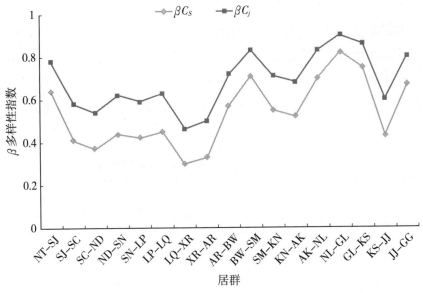

图 3-1 随海拔梯度的变化各居群间 β 多样性指数的比较

3.3 讨论

植物群落科、属、种结构既能反映种群的数量动态，也能体现出植物群落所处的生境，解释植物种群与生境相适应的结果[177-178]。拉琼等[179]和张力天等[147]发现雅鲁藏布江上游以菊科、禾本科和豆科为主，这与本研究结果一致。在穗花韭适生区共记录到物种 49 种，隶属于 29 科 48 属。其中，菊科植物最多，其次是豆科和禾本科。草地型以白草、固沙草、沙生槐为优势种的居多。物种在生境地受生物和非生物因素的综合影响其具有的功能或扮演的角色不同[180]。张莹花等[62]在对沙葱群落特征的调查中发现，生境不同会导致沙葱天然居群物种组成出现很大差异，沙葱多为伴生种或偶见种，很少为优势种，导致沙葱不能正常完成生活史的主因为干旱和人为因素干扰。姜克等[181]对贵州省赫章县 2 650～2 900 米分布的多星韭群落的生态特性进行了研究，发现多星韭有林生型、岩生型与草生型 3 类生境，且草生型多星韭可成为群落优势种，形成多星韭植被，观赏价值和生态经济价值极高。在本研究中，穗花韭在适生地群落中多以伴生种或偶见种存在，且在有灌丛分布的穗花韭野生居群，大多长势较好。这可能是因为灌丛植物相对穗花韭扮演了一个"护士植物（nurse plant）"的角色，一方面建立了保护屏障，减少了动物的采食和践踏，另一方面改善了微环境，给草本植物提供了较好的水热生存环境，伴生于沙生槐、锦鸡儿等豆科灌丛的穗花韭株高之所以比伴生于白草、固沙草等其他植物的穗花韭高的原因还可能是因为豆科植物的固氮作用为穗花韭提供了更多的养分，而微环境的改善能频繁减弱环境压力对植物造成的负面影响[182,52]。

本研究中，穗花韭重要值与物种丰富度、香农指数、辛普森指数呈极显著负相关关系（$P<0.01$），与物种均匀度呈显著正相关关系（$P<0.05$）。罗巧玉等[178]对黄河源区发草适生地植物群落特征研究中，也发现发草的重要值与群落物种丰富度、辛普森优势度指数、香农指数间存在极显著负相关关系，同时与均匀度指数间存在极显著正相关关系。这可能是因为穗花韭与发草一样虽为耐贫瘠植物，但在群落中优势种和次优势种植物对光照、空间、养分的竞争更大有关，这也是穗花韭在群落中多为伴生种或偶见种的一个原因。

β 多样性可以指示生境被物种隔离的程度，也被称为生境间的多样性，它和 α 多样性一起构成了总体多样性或一定地段的生物异质性[150]。张鲜花等[183]以天山北坡东段与西段海拔 1 800～2 200 米鸭茅（Dactylis glomerata）典型分布区域为研究对象，发现东段群落相似性极高，共有种较多，生境条件较为一致，西段共有种较少，生境存在较大差别。本研究中随着海拔增加，β 多样性总体表现出先下降后升高的趋势，尤其是在海拔 4 300～4 600 米的区域 β 多样性都比较高，说明在这一海拔梯度由于生境异质性，物种替代速率加快，导致穗花韭居群共有种较少，而海拔 4 300 米以下较为一致的生境条件使得 β 多样性较低。

生物多样性是人类赖以生存的条件，人为轻度干扰在一定程度上会导致群落物种多样性增加，但如果某一物种的适生生境遭到破坏，也许就会导致许多生态位特化的物种面临威胁[184]。因此，穗花韭作为一种青藏高原的特有种，其生态价值应引起人们的重视。

3.4　小结

本研究在 17 个穗花韭天然居群中共记录到物种 49 种，隶属于 29 科 48 属。其中，出现频率最多的是菊科、豆科、禾本科。穗花韭在居群中以伴生种或偶见种存在，生长环境以灌丛草地、高寒草地以及砾石山坡为主，群落类型有白草群落、披碱草群落、固沙草群落 3 种。穗花韭在有灌丛分布的生境中大多长势良好，可能与灌丛植物作为穗花韭的"护士植物"有关。穗花韭适生地各植物群落中 α 多样性特征变幅较大，穗花韭重要值与群落物种丰富度、香农指数、辛普森指数呈极显著负相关关系，与物种均匀度呈显著正相关关系。β 多样性在 4 300～4 600 米物种替代速率较快，在 4 300 米以下 β 多样性相对较低。

第四章 穗花韭表型数量性状的 遗传多样性分析

在明确影响穗花韭分布的主要气候因子和适生地植物群落特征及植物多样性的研究基础上，本研究通过对日喀则地区海拔 3 832.5～4 624.90 米分布的 NT、SJ、SC、ND、BL、SN、LP、LQ、XR、XK、AQ、BW、SM、KN、AK、NL、GL、KS、JJ、GG 等 20 个穗花韭野生居群的表型数量性状进行变异分析、主成分分析和聚类分析，以期筛选出表型特征突出的穗花韭种质资源，为穗花韭种质资源开发利用和驯化栽培提供理论依据。

4.1 材料与方法

4.1.1 试验设计

对 NT、SJ、SC、ND、BL、SN、LP、LQ、XR、XK、AQ、BW、SM、KN、AK、NL、GL、KS、JJ、GG 等 20 个穗花韭分布较为集中的居群进行单株采样。

4.1.2 测定表型数量性状的指标及方法

在确定的居群内选择穗花韭分布较为均匀的区域，且能代表该居群穗花韭主要物候期的单株，每间隔 10 米进行采样，共采集 15 株。同时进行株高、花葶高、叶片数、叶长和叶宽、花葶粗、花穗长、花穗宽、地上茎粗、地下茎粗、地下茎长、根系数量、根长、地上鲜重和地下鲜重共 15 个指标的观测，并将单株样单独装信封带回室内自然风干后测地上和地下干重。

株高：用直尺测量从地上茎部分到植株花序顶端的自然高度；

花葶高：用直尺测量从花葶基部到植株花序顶端的自然高度；

花葶粗：用游标卡尺测量花葶直径；

叶片数：对每个单株的叶片数进行计数；

叶长和叶宽：从根基部向上以最长的第 3 个叶片为准，进行测量。用直尺从第三片叶的底端到叶尖测量叶长，用游标卡尺测量叶中部最宽的距离为叶宽；

地上茎粗：用游标卡尺测量地上茎直径；

地下茎粗：用游标卡尺测量地下茎直径；

地下茎长：用直尺测量鳞茎的长度；

花穗长：用直尺测量花穗长度；

花穗宽：用游标卡尺测量花穗直径；

根系数量：对活根数量进行计数；

根长：以最长的活根长度为准，用直尺进行测量；

单株地上鲜重和地下鲜重以及相应的干重：从地上茎和地下茎连接处剪断，分别称其地上鲜重和地下鲜重，待自然风干后再分别称其干重。

4.1.3　数据处理

采用 Excel 2016 对数据进行整理和绘图，用 SPSS 20 软件对数据进行描述性统计、One‐Way ANONA 方差分析及 Duncan's 多重比较、主成分分析（principal component analysis，PCA）[24]、聚类分析[25]（采用最长距离法，种质间遗传距离为平方 Euclidean 距离）。试验数据以"平均值±标准差"表示，$P < 0.05$ 表示差异显著。

4.2 结果与分析

4.2.1 穗花韭单株表型数量性状

4.2.1.1 株高、叶片数

20 份穗花韭材料中，NT 和 BW 株高差异显著（$P<0.05$），分别为 32.37 厘米、26.60 厘米，并显著高于其余材料（$P<0.05$）；LP 和 XR 株高分别为 8.44 厘米、7.93 厘米，显著低于其余材料（$P<0.05$）（图 4-1）。NL 叶片数显著高于其余材料（$P<0.05$），为 6.70 个；LP 叶片数显著低于其余材料（$P<0.05$），为 3.75 个（图 4-2）。

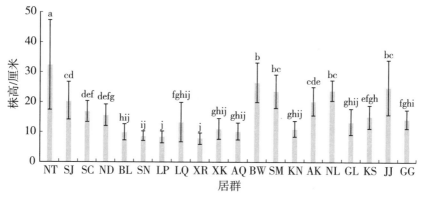

图 4-1 穗花韭种质表型数量性状

注：不同小写字母表示数据在 0.05 水平上差异显著，下同。

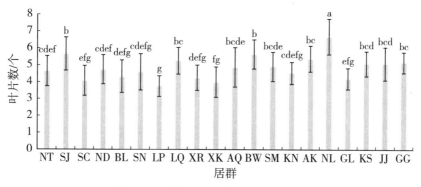

图 4-2 穗花韭种质表型数量性状

4.2.1.2 叶长、叶宽

NT 叶长显著高于除 BW 外的其他材料（$P<0.05$）；SN 叶长最短，为 11.12 厘米（图 4 - 3）。BW、GG、SM、KS、NL、NT、JJ 叶宽差异不显著，变化幅度为 4.33～3.52 毫米，但 BW、GG、SM、KS 叶宽显著高于其余材料（$P<0.05$）；ND 居群的叶宽最小，为 1.66 毫米（图 4 - 4）。

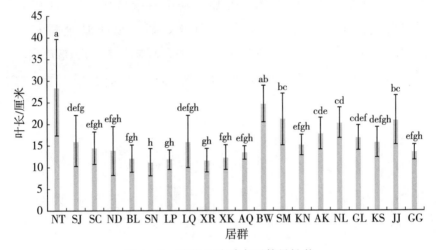

图 4 - 3　穗花韭种质表型数量性状

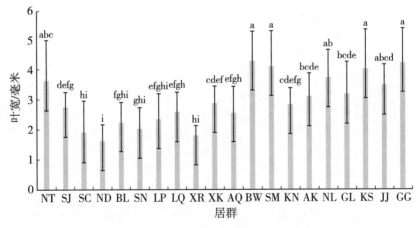

图 4 - 4　穗花韭种质表型数量性状

4.2.1.3　花葶高、花葶粗、花穗长、花穗粗

由表4-1可知，NT和BW花葶高无显著差异，分别为28.90厘米、25.01厘米，但NT显著高于其余材料（$P<0.05$）；XR样地的花葶高最小，为7.07厘米。NT、NL、SM、JJ、AK花葶粗2.41～2.04毫米，无显著差异，但NT显著高于其余材料（$P<0.05$）。XR花葶粗最小，为1.11毫米。NT、NL花穗长分别为4.19厘米、3.95厘米，无显著差异，但NT显著高于其余材料（$P<0.05$）。SN花穗长最小，为1.49厘米。KS、NL、JJ花穗粗1.20～1.10厘米，差异不显著，但KS和NL显著高于其余材料（$P<0.05$），SN花穗粗最小，为0.62厘米。

表4-1　穗花韭种质表型数量性状

编号	花葶高（厘米）	花葶粗（毫米）	花穗长（厘米）	花穗粗（厘米）
NT	28.90 ± 13.05^{a}	2.41 ± 0.51^{a}	4.19 ± 0.99^{a}	0.94 ± 0.44^{bc}
SJ	18.08 ± 5.62^{def}	2.01 ± 0.62^{bcde}	3.24 ± 0.47^{cd}	0.91 ± 0.24^{bcd}
SC	15.85 ± 3.22^{def}	1.53 ± 0.42^{fgh}	2.40 ± 0.66^{fgh}	0.65 ± 0.11^{ef}
ND	13.45 ± 3.00^{efgh}	1.27 ± 0.38^{hij}	2.05 ± 0.42^{ghij}	0.73 ± 0.25^{def}
BL	9.43 ± 2.75^{ghi}	1.24 ± 0.38^{hij}	1.80 ± 0.66^{hij}	0.63 ± 0.13^{f}
SN	8.50 ± 1.79^{hi}	1.13 ± 0.19^{ij}	1.49 ± 0.62^{j}	0.62 ± 0.09^{f}
LP	7.38 ± 1.78^{i}	1.43 ± 0.45^{ghij}	2.08 ± 0.34^{ghij}	0.84 ± 0.11^{cde}
LQ	12.51 ± 5.84^{fgh}	1.66 ± 0.41^{efg}	2.55 ± 0.57^{efg}	0.82 ± 0.17^{cdef}
XR	7.07 ± 1.62^{i}	1.11 ± 0.08^{j}	1.64 ± 0.51^{ij}	0.79 ± 0.12^{cdef}
XK	10.35 ± 2.94^{ghi}	1.56 ± 0.43^{efgh}	2.01 ± 0.47^{ghij}	0.72 ± 0.14^{def}
AQ	8.90 ± 2.33^{hi}	1.20 ± 0.31^{hij}	1.52 ± 0.38^{j}	0.63 ± 0.07^{f}
BW	25.01 ± 6.50^{ab}	1.94 ± 0.34^{cde}	2.66 ± 0.77^{defg}	0.98 ± 0.19^{bc}
SM	21.59 ± 4.94^{bc}	2.12 ± 0.34^{abc}	3.44 ± 0.89^{bc}	0.85 ± 0.19^{cde}
KN	10.15 ± 2.50^{ghi}	1.51 ± 0.44^{fghi}	2.27 ± 0.58^{ghi}	0.85 ± 0.15^{cd}
AK	19.72 ± 4.70^{cd}	2.04 ± 0.39^{abcd}	2.99 ± 0.84^{cdef}	0.98 ± 0.33^{bc}
NL	21.79 ± 2.70^{bc}	2.33 ± 0.32^{ab}	3.95 ± 0.62^{ab}	1.18 ± 0.14^{a}

（续）

编号	花葶高（厘米）	花葶粗（毫米）	花穗长（厘米）	花穗粗（厘米）
GL	11.56±4.24^{fghi}	1.40±0.36^{ghij}	2.57±0.70^{efg}	0.98±0.16^{bc}
KS	14.12±3.13^{efg}	1.68±0.42^{defg}	3.20±0.84^{cde}	1.20±0.23^{a}
JJ	22.65±8.06^{bc}	2.10±0.22^{abc}	3.57±0.89^{bc}	1.10±0.12^{ab}
GG	13.05±3.00^{fgh}	1.85±0.49^{cdef}	3.06±1.21^{cdef}	0.87±0.20^{cd}

注：同列不同小写字母表示差异显著性（$P<0.05$），下同。

4.2.1.4 地上茎粗、地下茎粗、地下茎长

如表4-2所示，NT、NL、SM、BW、JJ、LQ、KS 地上茎粗差异不显著，其范围值为 4.83～4.11 毫米，但 NT 和 NL 显著高于其余材料（$P<0.05$）；SN 地上茎粗最小，为 2.63 毫米。SM、GL 地下茎长差异不显著，分别为 5.38 厘米、4.84 厘米，但 SM 显著高于其余材料（$P<0.05$）；SN 地下茎长最小，为 2.72 厘米。GG、AK、SM 的地下茎粗差异不显著，分别为 8.20 毫米、8.15 毫米、7.58 毫米，但均显著高于其余材料（$P<0.05$）。ND 地下茎粗最小，为 3.58 毫米。

4.2.1.5 根系数量、根系长

NT、LQ 的根系数量差异不显著，分别为 13.00、11.10 个，但 NT 显著高于其余材料（$P<0.05$），SN 根系数量最少，为 5.17 个。AK、KS、GG、GL、JJ、NT 的根系长差异不显著，变化幅度为 10.47～8.67 厘米，但 AK 和 KS 显著高于其余材料（$P<0.05$）。KN 根系长最小，为 5.45 厘米（表4-2）。

表4-2 穗花韭种质表型数量性状

编号	地上茎粗（毫米）	地下茎粗（毫米）	地下茎长（厘米）	根系数量（个）	根系长（厘米）
NT	4.83±1.23^{a}	5.13±0.80^{bcd}	3.81±0.78^{cdef}	13.00±0.38^{a}	8.67±0.79^{abc}
SJ	3.97±0.79^{bcdef}	5.24±0.23^{bc}	3.56±0.32^{cdefg}	7.50±2.26^{cdefg}	6.13±1.77^{de}

（续）

编号	地上茎粗（毫米）	地下茎粗（毫米）	地下茎长（厘米）	根系数量（个）	根系长（厘米）
SC	3.08 ± 0.79^{ghi}	4.83 ± 1.03^{bcd}	4.29 ± 1.42^{bc}	6.75 ± 1.91^{efg}	5.56 ± 1.46^{e}
ND	2.78 ± 0.49^{ghi}	3.58 ± 0.49^{d}	3.68 ± 1.22^{cdefg}	9.36 ± 2.06^{bc}	7.93 ± 2.02^{bcd}
BL	3.25 ± 0.62^{hi}	5.08 ± 1.16^{bcd}	3.26 ± 1.05^{defg}	9.00 ± 3.07^{bcde}	7.54 ± 2.32^{bcde}
SN	2.63 ± 0.55^{i}	4.67 ± 1.30^{bcd}	2.72 ± 0.43^{g}	5.17 ± 1.70^{g}	7.97 ± 2.71^{bcd}
LP	3.41 ± 0.47^{defgh}	4.46 ± 0.50^{cd}	2.96 ± 0.90^{efg}	10.75 ± 2.83^{b}	7.95 ± 1.73^{bcd}
LQ	4.21 ± 1.52^{abcd}	5.95 ± 1.77^{bc}	4.11 ± 1.59^{bcd}	11.10 ± 3.59^{ab}	6.98 ± 1.92^{cde}
XR	2.83 ± 0.72^{hi}	5.17 ± 1.03^{bcd}	3.54 ± 1.26^{cdefg}	9.17 ± 2.04^{bcde}	7.78 ± 2.36^{bcd}
XT	3.56 ± 0.47^{defgh}	6.18 ± 0.96^{b}	3.65 ± 0.76^{cdefg}	7.50 ± 2.58^{cdefg}	6.27 ± 2.71^{de}
AQ	3.01 ± 0.98^{hi}	5.78 ± 1.30^{bc}	2.90 ± 0.37^{fg}	6.22 ± 1.92^{fg}	5.77 ± 1.16^{de}
BW	4.56 ± 0.53^{abc}	5.12 ± 3.28^{bcd}	4.19 ± 0.59^{bcd}	10.33 ± 2.29^{b}	7.81 ± 1.67^{bcd}
SM	4.73 ± 0.73^{ab}	7.58 ± 2.08^{a}	5.38 ± 1.69^{a}	8.85 ± 2.94^{bcde}	7.52 ± 1.92^{bcde}
KN	2.82 ± 0.79^{hi}	4.69 ± 1.44^{bcd}	3.04 ± 0.75^{efg}	5.55 ± 1.56^{fg}	5.45 ± 1.35^{e}
AK	3.80 ± 0.68^{cdefg}	8.15 ± 3.10^{a}	3.85 ± 0.97^{cdef}	10.23 ± 3.92^{b}	10.47 ± 3.38^{a}
NL	4.80 ± 0.67^{a}	5.63 ± 1.92^{bc}	3.93 ± 0.79^{bcde}	9.22 ± 3.29^{bcd}	7.39 ± 1.33^{bcde}
GL	4.01 ± 0.89^{bcdef}	5.82 ± 1.45^{bc}	4.84 ± 1.32^{ab}	6.90 ± 1.45^{defg}	9.22 ± 3.34^{ab}
KS	4.11 ± 10.99^{abcde}	6.12 ± 2.23^{bc}	3.43 ± 1.06^{cdefg}	9.00 ± 3.06^{bcde}	10.10 ± 1.60^{a}
JJ	4.55 ± 0.76^{abc}	4.90 ± 1.79^{bcd}	3.67 ± 0.52^{cdefg}	7.56 ± 2.06^{cdefg}	9.04 ± 3.94^{abc}
GG	3.90 ± 0.57^{cdef}	8.20 ± 2.20^{a}	3.56 ± 0.33^{cdefg}	7.60 ± 2.27^{cdef}	9.44 ± 2.58^{ab}

4.2.1.6　生物量

NT 地上鲜重为 3.90 克，显著高于其余材料（$P<0.05$），SN 最小，为 0.58 克；AK 地下鲜重为 3.81 克，显著高于其余材料（$P<0.05$），SC 最小，为 0.82 克（图 4-5）。NT、JJ、NL 地上干重差异不显著，为 0.77、0.73、0.63 克，但 NT 显著高于其余材料（$P<0.05$），SN 地上干重最小，为 0.10 克；AK、GG 地下干重差异不显著，分别为 1.58、1.29 克，但 AK 显著高于其余材料（$P<0.05$），ND 最小，为 0.31 克（图 4-6）。

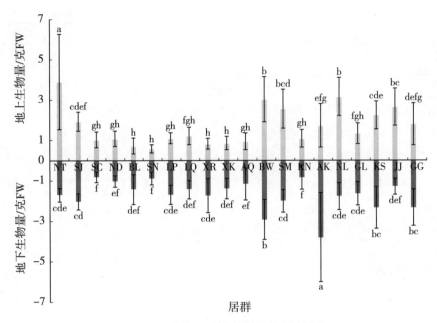

图 4-5 穗花韭种质单株生物量/鲜重

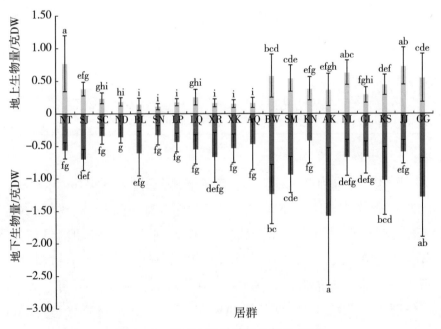

图 4-6 穗花韭种质单株生物量/干重

4.2.2 表型性状变异分析

对 20 份穗花韭种质资源的 17 个数量性状的变异性进行统计分析（表 4-3），结果表明，不同地域的种质呈现出多样化，表型差异较大。其中，单株地上、地下鲜重和干重的变异幅度最大，变异系数为 61.10%～78.14%；花葶高、株高的变异系数分别为 53.19%、53.65%，叶长、花穗长的变异系数分别为 40.34%、41.44%，地下茎长、花葶粗、根系长、地下茎粗、根系数量、叶宽的变异系数在 30%～40%，叶片数、地上茎粗、花穗粗的变异系数在 30% 以内。说明这些性状个体间差异较大，性状表现不稳定，有着较为丰富的遗传多样性，表型突出的优良单株可作为驯化选育的目标材料进行收集。

表 4-3 穗花韭种质资源 17 个数量性状的变异分析

性状	最小值	最大值	均值	标准差	变异系数（%）
株高（厘米）	2.30	60.00	16.64	8.93	53.65
叶片数（个）	3.00	8.00	4.84	1.07	22.06
叶长（厘米）	4.50	46.00	16.40	6.62	40.34
叶宽（厘米）	1.00	7.00	2.97	1.17	39.40
地上茎粗（毫米）	1.00	8.00	3.73	1.06	28.42
地下茎长（厘米）	0.60	8.20	3.72	1.15	30.88
地下茎粗（毫米）	1.00	13.00	5.60	1.97	35.25
花葶高（厘米）	2.10	51.00	15.16	8.06	53.19
花葶粗（毫米）	0.18	3.50	1.69	0.55	32.85
花穗长（厘米）	0.70	9.00	2.69	1.11	41.44
花穗粗（厘米）	0.30	2.00	0.86	0.26	29.97
根系数量（个）	3.00	18.00	8.60	3.11	36.21
根系长（厘米）	2.80	17.40	7.72	2.56	33.17

（续）

性状	最小值	最大值	均值	标准差	变异系数（%）
地上鲜重（克）	0.23	9.02	1.70	1.26	74.12
地下鲜重（克）	0.26	7.44	1.71	1.05	61.10
地上干重（克）	0.03	1.65	0.36	0.28	78.14
地下干重（克）	0.06	3.33	0.69	0.50	72.15

4.2.3　表型数量性状的主成分分析

对 20 份穗花韭种质资源的 17 个表型数量性状进行主成分分析（表 4-4），按照主成分特征值大于 1 的原则，共提取到 4 个主成分，累计贡献率 86.31%。第一主成分特征值 10.15，贡献率 59.72%。载荷较高的有花葶高、花葶粗、花穗长、地上鲜重和地上干重，说明第一主成分基本反映了穗花韭地上生物量的信息。第二主成分特征值 2.37，贡献率 13.94%，地下茎粗和地下干重的载荷因子较高；第三主成分特征值 1.11，贡献率 6.53%，根系数量载荷因子较高；第四主成分特征值 1.04，贡献率 6.12%，地下茎长载荷因子较高；说明第二、第三、第四主成分基本反映了穗花韭地下生物量的信息。

根据主成分综合得分，20 份穗花韭种质资源中由高到低前 10 份材料依次为：NT>BW>AK>SM>NL>JJ>KS>GG>SJ>GL。

表 4-4　穗花韭种质的主成分综合得分及其排序

编号	F1	F2	F3	F4	F	排序
NT	5.398	−2.820	1.823	0.139	3.428	1
SJ	0.670	−0.721	−0.925	−0.373	0.251	9
SC	−2.551	−1.746	−0.737	1.569	−1.992	15
ND	−2.517	−1.387	1.396	−0.225	−1.877	14

（续）

编号	F1	F2	F3	F4	F	排序
BL	−3.407	0.450	0.807	0.060	−2.220	18
SN	−4.565	−0.112	−0.440	−0.967	−3.279	20
LP	−2.680	0.204	1.876	−0.613	−1.723	13
LQ	−0.338	−0.163	0.463	0.781	−0.170	11
XR	−3.292	0.973	1.109	0.055	−2.031	16
XT	−2.399	0.294	−0.513	0.979	−1.580	12
AQ	−3.466	−0.057	−1.101	−0.248	−2.506	19
BW	4.265	0.019	0.445	0.192	2.998	2
SM	3.618	0.154	−0.958	2.543	2.633	4
KN	−2.551	−1.223	−1.513	−0.819	−2.133	17
AK	2.986	3.724	0.690	0.047	2.721	3
NL	4.354	−1.303	−1.098	−1.245	2.628	5
GL	−0.210	0.762	−0.069	1.115	0.051	10
KS	1.909	1.754	0.268	−1.604	1.509	7
JJ	3.097	−1.628	−0.303	−1.093	1.778	6
GG	1.679	2.824	−1.219	−0.333	1.501	8

4.2.4 表型数量性状聚类分析

采用最长距离法对 20 份穗花韭种质资源通过 17 个数量性状进行聚类分析，构建聚类树状图（图 4-7）。以平方欧式距离的平均值（SED=12.5）为截距，可将 20 份种质划分为 2 个类群。第一类群包括 BL、XR、LP、ND、SN、AQ、SC、XK、KN、SJ、LQ、GL 共12 份材料，SJ、LQ、GL 材料相比其他材料而言，植株生长状况相对较好，但这 12 份材料总体特点是植株普遍低矮，茎叶细，花穗较为短小，生物量较低。

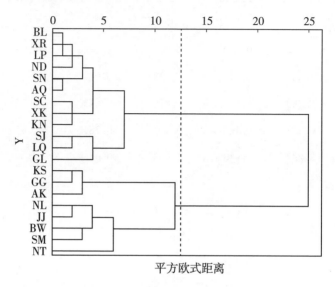

图 4 - 7　基于穗花韭种质资源表型性状划分的聚类树状图

第二类群包括 KS、GG、AK、NL、JJ、BW、SM、NT 共 8 份材料。其显著特点为植株生长旺盛，株高、花葶高、叶片数、叶长、叶宽、花穗长、花穗粗、生物量等明显高于第一类群。

4.3　讨论

随着人类活动和气候变化，野生葱属植物资源受到人为干扰因素越来越多[61]。增加葱属植物的栽培种类、挖掘优异基因，有效保护野生葱属植物资源，受到国内外学者愈来愈多的重视[3-6]。植物形态性状是种质资源评价的基础工作之一。在一定环境条件下，植物所表现出的表型性状总和，是植物适应环境变异的表现，是基因与环境共同作用的结果[185-187]，它在一定程度上反映了物种的遗传特征[77]，因此，表型性状的鉴定和描述是种质资源研究最直观、最基本的方法和途径之一[188-189]。本研究对日喀则地区 20 份穗花韭种质进行表型数量性状遗传多样性分析，结果表明 20 份材料中 NT 株高，NL 叶片数，NT 和 BW 叶长，BW、GG、SM、KS 叶宽，NT 和 BW 花葶高，NT 花葶粗和花穗长，KS 和 NL 花穗粗，NT 和 NL 地上茎粗，SM 地下茎长，GG、AK、SM 地下茎粗，NT、LQ 根系数量，AK 和 KS 根系长度，NT 地上鲜重和干重，AK 地下鲜重和干重等性状相对其他材料均表现较为突出。对 17 个数量性状的变异性统计结果表明叶片数、花穗长、花穗粗、地下茎粗、地下茎长、花葶粗的变异系数比曹可凡[23]的研究结果较高，这主要是由于本研究在 NT 和 SN 居群中发现了具有 8 个叶片的植株，且在 NT、BW、SM、NL、JJ 居群发现穗花韭与沙生槐、鬼箭锦鸡儿、沙棘等灌丛相伴生的环境下穗花韭的株高、花葶高、花葶粗、花穗长、花穗粗、地上茎粗均明显优于其他居群，多个突出性状的综合表现就是地上和地下生物量的变异系数更高，而对于株高、花葶高、叶长、叶宽的变异系数的结论则与曹可凡的研究基本一致[23]。曹可凡的研究把花葶数和抽薹率也作为了一个指标来进行研究，本研究在 20 个居群中发现双葶的植株并不多，而 3 个花葶的植株也仅发现了 1 株，这与他的结论一致，因此本研究在做表型分析时只选择了普遍具有 1 个花葶的植株作为研究对象。总之，从方差分析、多重比较、变异分析的结果可以看出，20 个居群的 17 个表型性状在居群内和居群间均有较大的遗传变异和丰富的遗传多样性，这与曹可凡的结论是一致的。

主成分分析通过将原始指标降维，简化为少数几个新的综合指标，可以较好地解释内在的变异规律[170,190-191]。本研究提取到的 4 个主成分累计贡献率 86.40％，第一主成分中花葶高、花葶粗、花穗长、地上茎粗、地上鲜重与地上干重反映了穗花韭地上生物量的信息，贡献率达 59.61％。这与曹可凡研究中综合了穗花韭地上部以长度为主的生长发育状态的性状贡献率在提取到的 5 个主成分中最高的结论一致。第二、第三、第四主成分贡献率分别为 14.30％、6.59％、5.91％，基本反映了地下生物量的信息。穗花韭一般分布在干旱砾石砂石地，植物根系越发达，能汲取到土壤中的养分更多。本研究中 AK 种质分布在雅鲁藏布江岸边的耕地附近，其地下茎粗和根系长均显著高于其他材料，且在调查中发现它是首个进入结实期的种质，说明地下生物量越大对高海拔生境的生态适应性越强。

聚类分析能较好地反映种质材料之间的亲缘关系[187,192]。本研究在聚类分析中发现 NT、BW、SM、NL、JJ 这 5 个与灌丛相伴生的居群与高寒草原上发现的 AK、KS、GG 3 个表型较为突出的居群聚为了一类，其主要特点是植株相对较高，花穗长、花穗粗、叶长、叶宽等性状较好；其他 9 个穗花韭植株生长较为低矮的样地和 3 个穗花韭生长稍好的样地聚为了另一类，这与实际情况是相符的。综合主成分分析综合得分排序结果和聚类分析结果，本研究认为 NT、BW、SM、AK、NL、KS、JJ、GG 种质的开发潜力较大，可作为重点材料开展后续的种质收集和驯化栽培等工作。

4.4 小结

20 份穗花韭种质居群内和居群间遗传变异较为丰富，生物量、株高、花葶高的变异幅度在 50% 以上，通过主成分和聚类分析，研究表明 NT（南木林县土布加乡）、BW（白朗县旺丹乡）、AK（昂仁县卡嘎镇）、SM（萨迦县麻布加乡）、NL（南木林县拉布普乡）、JJ（江孜县金嘎乡）、KS（康马县萨玛达乡）、GG（岗巴县岗巴镇）的穗花韭种质在株高、生物量等方面具有较好的表型特征，且除了 NT（南木林县土布加乡）的种质处于海拔 3 832.5 米外，其余 7 份种质均分布在海拔 4 200～4 600 米间，说明该物种在高海拔地带具有良好的生态适应性，可将这 8 份种质作为重点材料来开展后期的穗花韭种质收集和驯化选育工作。

第五章 穗花韭结实性状变异研究

乡土草种推广利用的先决条件是种子。因此，本研究以日喀则地区 NT、SJ、SC、LP、LQ、XR、XK、AQ、SM、KN、AK、NL、GL、KS、JJ、GG 等 16 份穗花韭居群为研究对象，结合 22 个环境因子对其 7 个结实性状进行巢式方差分析、变异分析、相关分析、主成分分析和聚类分析等，探讨穗花韭居群间和居群内结实性状的多样性、变异程度和变异规律。

5.1 材料与方法

5.1.1 试验设计

选择 NT、SJ、SC、LP、LQ、XR、XK、AQ、SM、KN、AK、NL、GL、KS、JJ、GG 等 16 个居群进行穗花韭单穗头花序和种子的采集。环境数据见表 2-2。

5.1.2 测定指标及方法

在确定的居群内选择穗花韭分布较为均匀的区域，由于研究区的穗花韭居群以单穗头花序为主，因此，每间隔 10 米随机采集已成熟的密穗状花序 10 个为 1 组，共采 3 组作为 3 个重复。用游标卡尺测量每个花序的长、宽，并用电子秤称鲜重后做好标记，单独包装带回室内自然风干，称其干重，同时计数每个密穗状花序小花数，在此基础上随机选 5 朵小花计数每朵小花包含的种子粒数。此外，采集各居群的穗花韭成熟花序，带回室内自然风干后清选种子，测 3 次千粒重。

5.1.3　数据处理

试验数据采用 Excel 2016 对数据进行整理，用 ArcGis10.4.1 提取 19 个环境气候因子，用 SPSS 20 软件对数据进行描述性统计、Duncan's 多重比较、主成分分析和聚类分析，用 Minitab 19 对数据进行巢式方差分析，用 R3.6.3 制作相关性分析热图（用 corrplot 包），用 Excel 2016 计算变异系数（CV）、表型分化系数（V_{st}）和 Shannon - Wiener 指数（H）等[74,148-149]。将结实性状数据和环境气象因子数据做标准化处理后进行偏相关分析、相关分析、主成分分析（Principal component analysis，PCA）、聚类分析（采用 Ward 法，居群间遗传距离为平方 Euclidean 距离）[150-151]。

试验数据以"平均值±标准差"表示，$P < 0.05$ 表示差异显著，$P < 0.01$ 表示差异极显著。

5.2　结果与分析

5.2.1　结实性状变异分析及遗传多样性

对 16 个穗花韭居群的穗鲜重、穗干重、花序长、花序宽、小花数、种子粒数、千粒重 7 个结实性状进行居群间的变异分析（表 5-1）。结果表明：7 个结实性状的变异系数为 17.92%～74.18%，均值为 42.40%，其中穗干重的变异系数最大（74.18%），其变异幅度为 0.04～2.10 克，其次是穗鲜重（61.32%）、小花数（56.40%）、花序长（41.34%）、花序宽（23.65%）、种子粒数（21.99%），千粒重的变异系数最小（17.92%）。7 个结实性状的 Shannon - Wiener 指数（H）在 1.42～1.75，均值为 1.59，其中穗鲜重的多样性指数最大（1.75），其次是花序宽（1.68）、小花数（1.65）、千粒重（1.63）、花序长（1.56）、穗干重（1.43），种子粒数的多样性指数最小（1.42）。7 个结实性状穗鲜重（SFW）、穗干重（SDW）、花序长

（IL）、花序宽（IW）、小花数（SPN）、种子粒数（SEN）、千粒重（TKW）的极大值和极小值的比值依次为 32.28、52.50、12.50、4.75、20.29、4.50、2.20，平均为 18.29。说明，居群间穗干鲜重和小花数的变异较大，且具有较高的进化或适应性潜力，同时，穗鲜重、花序宽、小花数、千粒重在个体水平上具有较为丰富的变异。

表 5-1　穗花韭居群结实性状变异分析

性状	极小值	极大值	均值	标准差	变异系数（%）	多样性指数
穗鲜重（克）	0.18	5.63	1.02	0.63	61.32	1.75
穗干重（克）	0.04	2.10	0.32	0.24	74.18	1.43
花序长（厘米）	1.00	12.50	3.29	1.36	41.34	1.56
花序宽（厘米）	0.40	1.90	0.82	0.19	23.65	1.68
小花数（个）	21.00	426.00	89.33	50.38	56.40	1.65
种子粒数（粒）	1.20	5.40	3.59	0.79	21.99	1.42
千粒重（克）	0.50	1.10	0.72	0.13	17.92	1.63
平均	—	—	—	—	42.40	1.59

注：穗鲜重：SFW；穗干重：SDW；花序长：IL；花序宽：IW；小花数：SPN；种子粒数：SEN；千粒重：TKW；下同。

对 16 个穗花韭居群的 7 个结实性状进行居群内的变异分析（表 5-2 和表 5-3）。结果表明：16 个居群的变异系数在 15.62%～33.72%，平均为 25.99%。其中，GL 变异系数最大（33.72%），其次是 XK（32.59%）、SM（29.54%）、LQ（27.86%）、NT（27.51%）、JJ（27.23%），KN 的变异系数最小（15.62%）；16 个居群的 Shannon - Wiener 指数（H）在 1.48～1.74，均值为 1.60。16 个居群的 Shannon - Wiener 指数（H）由高到低排序依次为：AK＞GG＞SJ＞NL＞LP＞KN＞AQ＞SC＞GL＞SM＞XR＞KS＞JJ＞NT＞LQ＞XK。

表5－2　穗花韭居群结实性状变异系数和多样性指数

| 编号 | SFW | | SDW | | IL | | IW | | SPN | |
	CV（％）	H	CV（％）	H	CV（％）	H	CV（％）	H	CV（％）	H
NT	37.92	1.61	50.63	1.58	26.88	1.65	14.00	1.67	39.95	1.59
SJ	31.07	1.88	46.67	1.89	22.19	1.99	14.77	1.47	35.74	1.92
SC	65.88	1.23	27.78	2.00	17.16	1.87	12.86	1.20	22.38	1.84
LP	36.36	1.81	40.74	1.80	27.11	1.82	18.52	1.71	35.51	1.99
LQ	39.13	1.79	50.00	1.66	23.65	1.83	9.72	0.97	44.36	1.88
XR	33.33	1.78	46.15	1.71	25.26	1.88	14.49	1.34	36.28	1.60
XK	55.79	1.53	56.67	1.48	30.38	1.84	13.70	1.29	45.79	1.73
AQ	31.58	1.86	31.25	2.11	26.85	1.84	13.11	1.12	34.09	1.77
SM	41.67	1.48	42.31	1.48	32.71	1.77	12.50	1.58	44.30	1.66
KN	18.84	2.01	26.09	1.92	14.57	1.91	9.76	1.00	23.64	2.01
AK	30.10	2.02	40.00	1.90	24.69	1.99	9.76	1.48	39.83	1.91
NL	36.00	1.90	40.00	1.56	25.08	1.93	22.99	1.77	33.76	1.72
GL	50.40	1.78	51.72	1.77	38.08	1.71	16.96	1.61	60.55	1.66
KS	38.66	1.78	44.44	1.70	27.86	1.63	17.65	1.35	34.49	1.68
JJ	39.60	1.68	37.74	1.60	26.18	1.74	18.18	1.53	42.41	1.36
GG	28.48	1.86	38.46	1.95	20.26	1.93	14.71	1.72	30.95	1.97
均值	38.43	1.75	41.92	1.76	25.56	1.83	14.61	1.43	37.75	1.77
标准差	11.26	0.20	8.58	0.19	5.65	0.11	3.61	0.26	9.07	0.18

表5－3　穗花韭居群结实性状变异系数和多样性指数

| 编号 | SEN | | TKW | | CV（％） | H |
	CV（％）	H	CV（％）	H	均值	均值
NT	15.85	1.84	7.35	0.64	27.51	1.51
SJ	18.46	1.98	9.43	0.64	25.48	1.68
SC	26.32	2.00	5.33	1.10	25.39	1.61
LP	19.10	1.75	3.85	0.64	25.88	1.65

（续）

编号	SEN		TKW		CV（%）	H
	CV（%）	H	CV（%）	H	均值	均值
LQ	25.00	1.77	3.17	0.64	27.86	1.51
XR	24.90	1.83	2.44	0.64	26.12	1.54
XK	22.82	1.84	2.99	0.64	32.59	1.48
AQ	12.90	1.99	1.43	0.64	21.60	1.62
SM	17.50	1.90	15.79	1.10	29.54	1.57
KN	13.71	1.85	2.74	0.77	15.62	1.64
AK	14.32	1.80	5.00	1.10	23.39	1.74
NL	14.73	1.70	9.68	1.10	26.03	1.67
GL	11.37	1.90	6.94	0.64	33.72	1.58
KS	17.22	1.96	6.85	0.64	26.74	1.53
JJ	19.84	1.73	6.67	1.10	27.23	1.53
GG	12.50	1.92	2.78	0.64	21.16	1.71
均值	17.91	1.86	5.78	0.79	25.99	1.60
标准差	4.78	0.10	3.67	0.22	—	—

对 16 个穗花韭居群的 7 个结实性状进行巢式方差分析（表 5-4）。结果表明，7 个结实性状的表型分化系数在 37.304%～82.353%，平均为 55.492%。其中，千粒重的表型分化系数最大（82.353%），其次是花序宽（58.974%）、花序长（55.712%）、穗干重（54.237%）、穗鲜重（51.852%）、小花数（44.370%），种子粒数的表型分化系数最小（37.304%）。说明千粒重在居群间分化程度最大，其次是花序宽和花序长，而种子粒数的分化程度最小，穗花韭的 7 个结实性状变异中居群间的贡献为 55.492%，居群内的贡献为 44.508%，居群间的变异程度大于居群内的变异程度，即穗花韭结实特性变异的主要来源是居群间的变异。

表 5-4 穗花韭居群结实性状的巢式方差分析和表型分化系数

性状	方差分量		均方		F 值	表型分化系数（%）
	居群间	居群内	居群间	居群内		
SFW（克）	0.210	0.195	6.490	0.195	33.254**	51.852
SDW（克）	0.032	0.027	0.997	0.027	37.102**	54.237
IL（厘米）	1.068	0.849	32.894	0.849	38.731**	55.712
IW（厘米）	0.023	0.016	0.717	0.016	44.870**	58.974
SPN（PCS）	1 157.294	1 451.015	36 169.820	1 451.015	24.927**	44.370
SEN（PCS）	0.238	0.400	7.537	0.400	18.826**	37.304
TKW（克）	0.014	0.003	0.436	0.003	146.285**	82.353
均值	—	—	—	—	51.790	55.492

注：** 表示在 0.01 水平上显著。

对不同居群结实性状的 Duncan 多重比较结果见表 5-5，7 个性状在居群间存在不同程度的差异。NT 的穗鲜重、穗干重、花序长、小花数均最大，分别为 2.40 克、0.79 克、6.40 厘米、195.33 粒，显著大于其余居群（$P<0.05$）；GL 的花序宽显著宽于其余居群（$P<0.05$），为 1.12 厘米；GL 种子粒数为 4.31 粒，与 GG、SM、KS 的种子粒数差异不显著，但显著多于其余居群（$P<0.05$）；SM 和 NL 的千粒重差异不显著，分别为 0.95 克和 0.93 克，但均显著高于其余居群（$P<0.05$）。

表 5-5 穗花韭居群结实性状的均值、标准差及多重比较

编号	SFW（克）	SDW（克）	IL（厘米）	IW（厘米）	SPN（PCS）	SEN（PCS）	TKW（克）
NT	2.40±0.91[a]	0.79±0.40[a]	6.40±1.72[a]	1.00±0.14[b]	195.33±78.04[a]	3.66±0.58[bcd]	0.68±0.05[ef]
SJ	1.03±0.32[cde]	0.30±0.14[c]	3.56±0.79[bcdef]	0.88±0.13[c]	86.73±31.00[cde]	3.90±0.72[bc]	0.53±0.05[i]
SC	0.85±0.56[ef]	0.18±0.05[def]	3.03±0.52[fgh]	0.70±0.09[e]	85.13±19.05[cde]	2.66±0.70[e]	0.75±0.04[c]
LP	0.88±0.32[ef]	0.27±0.11[cd]	2.84±0.77[gh]	0.81±0.15[d]	81.93±29.09[cde]	3.56±0.68[cd]	0.52±0.02[i]
LQ	0.46±0.18[g]	0.12±0.06[f]	2.03±0.48[ij]	0.72±0.07[e]	54.40±24.13[f]	2.88±0.72[bc]	0.63±0.02[g]

（续）

编号	SFW（克）	SDW（克）	IL（厘米）	IW（厘米）	SPN（PCS）	SEN（PCS）	TKW（克）
XR	0.45±0.15^g	0.13±0.06^f	1.90±0.48^j	0.69±0.10^e	45.67±16.57^f	2.53±0.63^e	0.82±0.02^b
XK	0.95±0.53^{de}	0.30±0.17^c	3.39±1.03^{cdefg}	0.73±0.10^e	112.70±51.61^b	3.33±0.76^d	0.67±0.02^f
AQ	0.57±0.18^g	0.16±0.05e^f	2.16±0.58^{ij}	0.61±0.08^f	52.80±18.00^f	3.72±0.48^{bc}	0.70±0.00^{de}
SM	1.08±0.45^{cde}	0.26±0.11^{cd}	3.76±1.23^{bcd}	1.04±0.13^b	112.63±49.90^b	4.00±0.70^{ab}	0.95±0.15^a
KN	0.69±0.13^{fg}	0.23±0.06^{cde}	2.54±0.37^{hi}	0.82±0.08^{cd}	64.38±15.22^{ef}	3.72±0.51^{bc}	0.73±0.02^{cd}
AK	1.03±0.31^{cde}	0.25±0.10^{cde}	3.97±0.98^b	0.82±0.08^{cd}	101.83±40.56^{bc}	3.70±0.53^{bcd}	0.80±0.04^b
NL	1.00±0.36^{cde}	0.30±0.12^c	3.23±0.81^{defg}	0.87±0.20^{cd}	77.30±26.10^{de}	3.87±0.57^{bc}	0.93±0.09^a
GL	1.25±0.63^c	0.29±0.15^c	3.65±1.39^{bcde}	1.12±0.19^a	91.43±55.36^{bcd}	4.31±0.49^a	0.72±0.05^{cd}
KS	1.19±0.46^{cd}	0.54±0.24^b	3.23±0.90^{defg}	0.68±0.12^e	84.63±29.19^{cde}	3.95±0.68^{ab}	0.73±0.05^{cd}
JJ	1.01±0.40^{cde}	0.53±0.20^b	3.17±0.83^{efg}	0.66±0.12^{ef}	79.70±33.80^{cde}	3.68±0.73^{bcd}	0.60±0.04^h
GG	1.51±0.43^b	0.52±0.20^b	3.80±0.77^{bc}	1.02±0.15^b	102.60±31.75^{bc}	4.00±0.50^{ab}	0.72±0.02^{cd}

注：同列不同小写字母表示差异显著性（$P<0.05$）。

5.2.2　穗花韭结实性状相关性分析

穗花韭居群间结实性状相关性分析结果表明，穗鲜重与穗干重、花序长、花序宽、小花数、种子粒数呈极显著正相关关系（$P<0.01$），相关系数分别为 0.89、0.95、0.62、0.91、0.47；穗干重与花序长、小花数、种子粒数呈极显著正相关关系（$P<0.01$），相关系数分别为 0.78、0.76、0.44，与花序宽呈显著正相关关系（$P<0.05$）；穗鲜重和穗干重均与千粒重呈负相关关系；花序长与花序宽、小花数、种子粒数呈极显著正相关关系（$P<0.01$），相关系数分别为 0.61、0.96、0.41；花序宽与小花数、种子粒数呈极显著正相关关系（$P<0.05$），小花数与种子粒数呈显著正相关关系（$P<0.05$）；花序长、花序宽、小花数、种子粒数与千粒重呈正相关关系。说明，穗花韭花序长宽、小花数、穗鲜干重、种子粒数都对种子产量影响较大，但千粒重受其他结实性状的影响相对较小（图 5-1）。

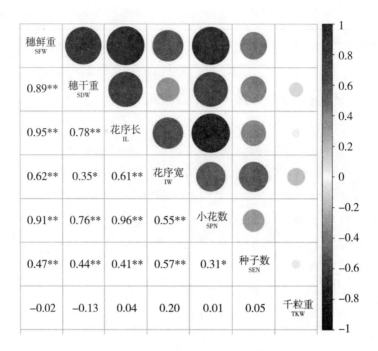

图 5-1　穗花韭居群间结实性状相关分析（见彩图 7）

注：＊表示在 0.05 水平上显著相关，＊＊表示在 0.01 水平上显著相关（Pearson 相关分析）。

穗花韭居群内结实性状相关性分析结果（图 5-2）表明，NT 花序宽与穗鲜重极显著负相关关系（$P<0.01$）；SJ 花序长和穗鲜重呈显著正相关关系（$P<0.05$），花序宽和穗干重呈显著负相关关系（$P<0.05$）；SC、AK 花序长和穗干重呈显著正相关关系（$P<0.05$），SC、XR、NL 千粒重和穗干重呈极显著正相关关系（$P<0.01$），SC 千粒重和花序长呈显著正相关关系（$P<0.05$）；LP 小花数和穗鲜重呈显著正相关关系（$P<0.05$）；LQ 穗干重和穗鲜重呈极显著正相关关系（$P<0.01$），花序宽和花序长呈显著负相关关系（$P<0.05$）；XK、SM、KN 各性状间的相关性没有达到显著水平；AQ 穗干重、千粒重和穗鲜重呈显著正相关关系（$P<0.05$），种子粒数和花序长、花序宽呈显著正相关关系（$P<0.05$）；GL 种子粒数和穗干重呈极显著正相关关系（$P<0.01$）；KS 千粒重和穗鲜重呈极显著负相关关系（$P<$

0.01）；JJ 花序宽和穗鲜重呈极显著正相关关系（$P<0.01$），小花数和花序长呈显著负相关关系（$P<0.05$）；GG 穗干重、花序宽和穗鲜重显著正相关关系（$P<0.05$），千粒重和种子粒数呈极显著负相关关系（$P<0.01$）。说明，穗花韭不同的居群影响其结实的关键性状有所不同。

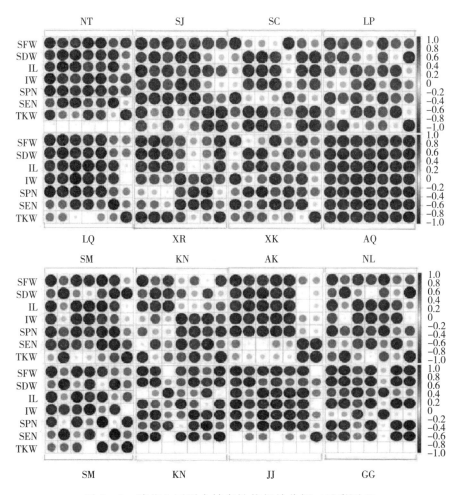

图 5-2 穗花韭居群内结实性状相关分析（见彩图 8）

5.2.3 结实性状与环境气候因子的偏相关分析

穗花韭结实性状和环境气候因子的偏相关分析结果表明，除千粒重与经度、bio2、bio3、bio7 呈负相关关系外，其余 6 个性状均与其呈正相关关系。其中穗鲜重和 bio2、bio7 显著正相关关系（$P<0.05$），穗干重和经度、bio7 显著正相关关系（$P<0.05$），花序长和 bio7 显著正相关关系（$P<0.05$）；除千粒重与纬度、bio17、bio19 呈正相关关系外，其余 6 个性状与纬度、bio17、bio19 呈负相关关系，但没有达到显著水平；穗鲜重、花序长和小花数与海拔呈负相关关系，穗干重、花序宽、种子粒数、千粒重与海拔呈正相关关系。其中，种子粒数与海拔呈显著正相关关系（$P<0.05$），而与 bio1、bio6、bio11、bio12、bio13、bio16、bio18 显著负相关关系（$P<0.05$）；7 个结实性状均与 bio4 呈正相关关系，但未达到显著水平；穗鲜重、花序长、小花数与 bio1、bio5、bio9、bio10、bio18 呈正相关关系外，其他性状与其呈负相关关系，未达到显著水平；花序长、小花数与 bio11、bio13、bio16 呈正相关关系外，其余性状与其呈负相关关系，未达到显著水平。表明在一定范围内，穗花韭结实性状受经度、海拔、温度和降水的影响较多，存在显著的地域差异。

随着昼夜温差月均值（bio2）和年温差（bio7）增大，穗鲜重呈显著增加趋势；随着年温差增大，穗干重和花序长呈现出显著的增加趋势；随着经度增加，除千粒重外，其他结实性状均与经度呈正相关关系，尤其是穗干重表现出显著的增加趋势；随着海拔的升高，年均温（bio1）、最冷月最低温（bio6）、最冷季节平均温度（bio11）、年均降水（bio12）、最湿月降水（bio13）、最湿季度降水量（bio16）、最暖季度降水量（bio18）下降，种子粒数呈增加趋势。结合结实性状相关性分析结果，种子粒数与穗鲜重、穗干重、花序长和花序宽的增加密切相关，即随着海拔和经度的增加，温差增大，温度降低、降水量减少，穗花韭则通过提高自己的繁殖性能表现出较强的适应性（图 5-3）。

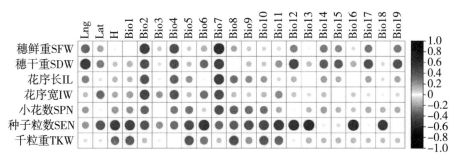

图 5-3 穗花韭结实性状与环境气候因子的偏相关分析（见彩图 9）

5.2.4 结实性状的主成分分析

对 16 个穗花韭居群的 7 个结实性状进行主成分分析，按照主成分特征值大于 1 的原则，共提取到 4 个主成分，累计贡献率 97.39%。第 1 主成分特征值 4.36，贡献率 62.25%，载荷较高的有穗鲜重、花序长、小花数；第 2 主成分特征值 1.17，贡献率 16.78%，第 3 主成分特征值 0.83，贡献率 11.79%，第 2 和第 3 主成分都是千粒重的载荷因子较高；第 4 主成分特征值 0.46，贡献率 6.58%，穗干重载荷因子较高。说明第一、第四主成分基本反映了穗花韭密穗状花序生物量的信息，第 2、第 3 主成分基本反映了穗花韭种子质量的信息。

根据主成分综合得分，16 个穗花韭居群得分由高到低依次为：NT＞GG＞SM＞GL＞NL＞AK＞KS＞SJ＞JJ＞XK＞KN＞LP＞SC＞AQ＞XR＞LQ（表 5-6）。

表 5-6 穗花韭结实性状主成分分析

性状	主成分			
	1	2	3	4
SFW	0.98	−0.12	0.09	0.02
SDW	0.86	−0.28	0.03	0.35
IL	0.96	−0.07	0.19	−0.07
IW	0.71	0.47	−0.22	−0.44

（续）

性状	主成分			
	1	2	3	4
SPN	0.92	−0.12	0.29	−0.12
SEN	0.61	0.29	−0.68	0.25
TKW	0.03	0.87	0.42	0.25
特征值	4.36	1.17	0.83	0.46
贡献率（%）	62.25	16.78	11.79	6.58
累计贡献率（%）	62.25	79.03	90.81	97.39

5.2.5 结实性状聚类分析

采用 Ward 法对 16 个穗花韭居群通过 7 个结实性状进行聚类分析，构建聚类树状图（图 5-4）。结合本研究选育目标，当欧式距离为 5 时（图 5-4 虚线所示），可将 16 个居群划分为 4 个类群。

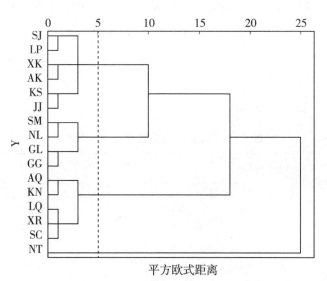

图 5-4 穗花韭居群聚类分析

第 1 类群为 SJ、LP、XK、AK、KS、JJ，这类居群最大穗鲜重（KS，1.19 克）比平均值高 14.29%，最大穗干重（KS，0.54 克）比平均值高 40.74%，最大花序长（AK，3.97 厘米）比平均值高 17.13%，最大花序宽（SJ，0.88 厘米）比平均值高 6.82%，最大小花数（XK，112.70 个）比平均值高 20.74%，最大种子粒数（KS，3.95 粒）比平均值高 9.07%，最大千粒重（AK，0.80 克）比平均值高 10.31%。

第 2 类群为 SM、NL、GL、GG，这类居群最大穗鲜重（GG，1.51 克）比平均值高 32.33%，最大穗干重（GG，0.52 克）比平均值高 37.86%，最大花序长（GG，3.80 厘米）比平均值高 13.39%，最大花序宽（GL，1.12 厘米）比平均值高 26.51%，最大小花数（SM，112.63 个）比平均值高 20.69%，最大种子粒数（GL，4.31 粒）比平均值高 16.66%，最大千粒重（SM，0.95 克）比平均值高 24.47%。

第 3 类群为 AQ、KN、LQ、XR、SC，这类居群除最大千粒重（XR，0.82 克）和最大种子粒数（KN 和 AQ，3.72 粒）高于平均值，最大花序宽（KN，0.82 厘米）等于平均值外，最大穗鲜重、最大穗干重、最大花序长、最大小花数均低于平均值。

第 4 类群仅有 NT。这类居群穗鲜重（2.40 克）比平均值高 57.42%，穗干重（0.79 克）比平均值高 59.10%，花序长（6.40 厘米）比平均值高 48.57%，花序宽（1.00 厘米）比平均值高 17.69%，小花数（195.33 个）比平均值高 54.27%，种子粒数（3.66 粒）比平均值高 1.86%，最大千粒重（0.68 克）比平均值低 5.51%。

综上，第 4 类群最优，其次是第 2 类群、第 1 类群，第 3 类群最差，可将第 4 类群和第 2 类群的 5 个居群作为今后引种驯化的重点材料，将第 1 类群的 6 个居群作为备选材料。

5.3 讨论

5.3.1 穗花韭结实性状的多样性及变异来源

乡土草是指自然生长于当地的植物，"近自然恢复"理论认为在青藏高原退化高寒草地恢复中乡土草种的种源不足是重要的制约因子，开发兼具生产功能和生态功能的乡土草种极为迫切[193]。种子是植物扩大种群空间的生命载体，其繁殖性能的高低是植物生存能力的体现[194]，也是乡土草种推广利用的先决条件[195]。花部综合特征是植物繁育系统中影响后代遗传性状的一个因素，花比其他繁殖器官具有更高的变异性[196]。花序上的小花数量的多少是影响种子产量的重要因素之一[197]。植物的表型变异系数可反应不同群体性状间的变异程度，对优良材料的选择具有重要意义，一般变异系数大于 10%，说明该性状在种质个体间差距较大，变异系数越大，表明可选择的潜力越大[198]。本研究对成熟期的穗花韭穗状花序的鲜重、干重、花序长、花序宽、小花数、种子粒数、千粒重等 7 个结实性状进行居群间变异分析，得出 7 个性状的变异系数在 17.92%～74.18%，其中穗干重的变异系数最大，其次是穗鲜重、小花数，花序长、花序宽，居群间存在极显著差异；16 个居群内的变异系数在 15.62%～33.72%，GL、XK、SM、LQ、NT、JJ 的变异系数高于 27.00，说明这 6 个居群的变异较为丰富。Shannon - Wiener 指数（H）反映的是种质资源间性状的丰富及均匀程度[74]。本研究中居群间 7 个结实性状的 Shannon - Wiener 指数（H）在 1.42～1.75，穗鲜重的多样性指数最大，其次是花序宽和小花数、千粒重、花序长；居群内的 Shannon - Wiener 指数（H）在 1.48～1.74，AK、GG、SJ、NL、LP 的多样性指数高于 1.65，说明这 5 个居群结实性状多样性较高。不同环境条件下，植物不同的表型性状的极大值和极小值的比值可在一定程度上反映出该性状的进化及对环境的适应性潜力[74]。本研究中穗干鲜重和小花数具有较高的进化和适应性潜力。综合居群内和居群间的变异系数、极值比值、Shannon - Wiener 指数（H）和 Duncan 多重比较结果，本研究得出穗干鲜重和小花数变异最大，具有较高的适应潜力，居群间的变异大于居群内的变异，但 Shannon - Wiener 指数（H）在居群间和居群内相当，这与曹可凡[23]、李鸿雁等[70]的研究结果相似；居群 NT、GL、SM、NL、GG 可作为种质收集时的重点区域，而其他表现出较高变异的居群可有针对性地收集个体植株。

　　为进一步了解穗花韭居群间和居群内的变异情况和对环境的适应性，本研究通过巢式方差分析计算了 7 个结实性状的表型分化系数[148]，结果表明穗花韭居群间的贡献为 55.492%，居群内的贡献为 44.508%，居群间的变异程度大于居群内的变异程度，即穗花韭结实性状变异的主要来源是居群间的变异。

5.3.2　穗花韭结实性状的相关性及与环境气候因子的相关性

　　了解多个性状间的关联，有助于在多个性状中做优化选择[199]。牧草种子产量取决于各产量构成因素，千粒重是种子产量的重要因素之一，但在丰产研究中发现各类种子的千粒重变化不大[198]。在本研究中，穗花韭 7 个结实性状除千粒重外其他性状间大多存在显著或极显著相关关系[200]，尤其是穗鲜重与花序长宽，花序长与小花数的相关系数达到 0.90 以上，说明穗干鲜重、花序长宽、小花数是影响穗花韭结实的最关键性状，花序越大，小花数越多，种子量就越多；各居群内的结实性状相关分析表明，各居群与种子量相关的关键结实性状有所差异。植物生长受遗传因子和环境因子的双重影响[201]。如披碱草（*Elymus dahuricus*）居群遗传分化的最重要因素是地理位置（经度和纬度）[202]；沙葱因气候、土壤差异而形成了两种生态型，而水分条件是影响其种子量的制约因素[203,62]；在海拔相对较高、年均温相对较低、年均降水量相对较少的区域，野生羊草（*Leymus chinensis*）遗传多样性高于同质园栽培羊草[69]；昼夜温差交替更有利于多星韭（*A. wallichii*）和高葶韭（*A. obliquum*）的萌发[204-205]。在本研究中，也得到了类似的结果，7个结实特性与环境气候因子的相关性分析表明，昼夜温差和年温差与穗鲜重显著正相关，穗干重与经度显著正相关，种子粒数与海拔显著正相关，与年均温、最冷月最低温、最冷季节平均温度、年均降水、最湿月降水、最湿季度降水量、最暖季度降水量显著负相关，说明随着海拔升高和经度增加，温度降低的同时温差增大，降水量减少，为适应这种寒冷干燥的生存环境，穗花韭生育期随之缩短，在最暖季度和最湿季度快速进行营养生长，并将营养生长阶段积累的营养物质在生长后期尽可能较多地分配给生殖器官来完成生活史[206]，如穗花韭密穗状花序上每朵小花子房3室，每室具有的2胚珠发育成含6个种子的概率变大，种子的饱满度和硬度随之增加，加之适宜的温差有利于种子萌发，从而在一定程度上缓解恶劣环境对繁殖成功造成的压力，种群得以繁衍。植物结实能力的高低，是植物能否适应不良环境的基础[62]。在本研究中，海拔4 300～4 600米穗花韭天然居群在结实性状上表现出对生境具有较好的适应性。

5.3.3　基于穗花韭结实性状的穗花韭种质筛选

主成分分析通过降维处理较全面地衡量了每个性状在某个居群中所处的位置和分量，清楚地描述各因素在形态多样性构成中的作用，在此基础上，再根据各性状对居群进行聚类，两种分析方法的组合模式分析在种质分析及评价中应用效果较好[170,207]。曹可凡[23]对西藏拉萨、山南、日喀则分布的33个穗花韭居群的24个表型性状进行主成分分析和聚类分析，共提取到5个主成分，累计贡献率81.55%，并在欧氏距离4.83处将33个居群分为了4类。本研究就穗花韭的7个结实性状对16个居群进行了主成分分析，共提取到4个主成分，主要与密穗状花序生物量和千粒重性状有关，累计贡献率97.39%。结合选育目标，聚类分析在欧式距离为5时将这16个居群划分为4

个类群，第 4 类群表现最优，其次是第 2 类群、第 1 类群、第 3 类群。

综合变异分析、主成分和聚类分析等结果，可将 NT、SM、NL、GL、GG 作为今后穗花韭选育的重点区域，将 SJ、LP、XK、AK、KS、JJ 作为进行个体选择的区域。

5.4 小结

本研究中 16 个穗花韭居群间的穗鲜重、穗干重、花序长、花序宽、小花数、种子粒数、千粒重 7 个结实性状存在极显著差异，居群间和居群内均存在较大的变异和多样性，但居群间的变异是穗花韭结实性状变异的主要来源。穗干鲜重、花序长宽和小花数是影响穗花韭结实的最关键性状。经度、海拔、温度和降水是影响穗花韭结实性状的主要环境因子，海拔 4 300～4 600 米的穗花韭野生居群对环境表现出较好的适应性。综合来讲，居群 NT、SM、NL、GL、GG 可选育潜力较大。

第六章 穗花韭不同居群染色体数目与核型分析

以穗花韭表型数量性状和结实变异研究结论为基础，进一步重点选择 NT、NL、GL、GG、SM 等 5 个有开发利用潜力的穗花韭居群为研究对象，从细胞遗传学角度对穗花韭进行染色体数目及核型分析，为穗花韭的遗传多样性研究和种质筛选及开发利用提供科学依据。

6.1 材料与方法

6.1.1 试验设计

以穗花韭表型数量性状和结实变异研究结论为基础，重点选择 NT、NL、GL、GG、SM 共 5 个穗花韭居群为研究对象进行染色体数目及核型分析。

6.1.2 试验方法

6.1.2.1 穗花韭种子采用滤纸萌发方法。为使种子均匀快速地萌发，将装有种子的玻璃培养皿放在冰箱（4℃）中 3～5 天进行冷处理。之后将装有种子的培养皿从冰箱中取出，置于室温（20～25℃）下进行发芽。收集 1～2 厘米长的根系。

6.1.2.2 0.002 摩尔/升 8-羟基喹啉溶液在黑暗条件下 25℃ 预处理 3 小时；预处理完毕，用 UP（Ultrapure water）水清洗 5 次，每次 2 分钟。

6.1.2.3 在 4℃ 冰箱中，将根尖用卡诺式固定液（无水乙醇：

冰醋酸＝3∶1）冰上固定 2 小时；固定完毕，用 UP 水清洗 5 次，每次 2 分钟。

6.1.2.4 用 45％冰醋酸（v/v）和 1 摩尔/升 HCl 体积比 1∶1 在 60℃水浴锅中酸解根尖 5 分钟；酸解完毕，用 UP 水清洗 5 次，每次 2 分钟；UP 水浸泡（后低渗）2 小时。

6.1.2.5 用改进卡宝品红染色液染色 10～15 分钟。

6.1.2.6 制片后在 LEICA DM1000 光学显微镜物镜 20X 下寻找清晰的染色体图像，物镜 100X 下拍照。

6.1.3 核型分析

用 Photoshop 软件进行染色体配对和核型分析，采用李懋学[152-153]提出的核型分析标准进行染色体数目的计数，采用 Levan 等[154]的两点四区系统法进行染色体类型和核型公式的计算，按 Stebbins[155]提出的核型分类标准进行核型分类，按 Arano[156]的方法计算核型不对称系数，依据染色体相对长度系数及 Kuo 等[157]分类标准划分染色体的长短。

6.1.4 数据处理

用 Excel 2016 对数据进行整理，选用平均臂比为横坐标，染色体长度比为纵坐标，绘制核型不对称散点图。用 SPSS 20 软件对染色体数目、长度比、平均臂比、核型不对称系数、M 染色体比例、m 染色体比例、sm 染色体比例、st 染色体比例、t 染色体比例、T 染色体比例等参数进行标准化处理后采用平方欧式距离，利用组间连接法进行聚类分析[158]。

6.2 结果与分析

6.2.1 不同居群穗花韭染色体数目和倍性

通过对 5 个不同穗花韭居群有丝分裂中期染色体数目与形态的观

察，发现穗花韭均为二倍体，而数目则有所不同，NT 染色体数目为 2n＝2x＝20，KS 染色体数目为 2n＝2x＝22，而 NL、GG、GL 的染色体数目均为 2n＝2x＝16（图 6－1）。

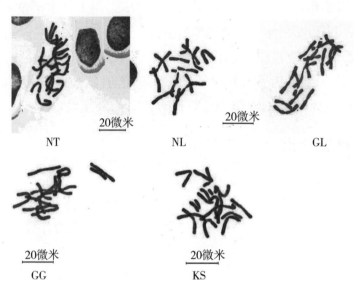

图 6－1　不同居群穗花韭有丝分裂中期染色体（见彩图 10）

6.2.2　不同居群穗花韭染色体形态和类型

5 个不同居群穗花韭的染色体核型见图 6－2，根据染色体核型参数进行同源染色体配对，除 NL、GG、GL 获得 8 对外，NT 获得 10 对、KS 获得 11 对。染色体类型包括 M（正中部着丝粒）、m（中部着丝粒）、sm（亚中部着丝粒）、st（亚端部着丝粒）、t（端部着丝粒）、T（正端部着丝粒）6 种类型，除 NL、GL 有 3 种类型（m、M、sm）外，NT 有 4 种类型（m、sm、t、st）、GG 有 2 种类型（m、sm），KS 有 5 种类型（M、m、sm、t、T）。

不同居群穗花韭染色体长短可以被划分为 L 型（长染色体）、M_2型（中长染色体）、M_1型（中短染色体）和 S 型（短染色体）4 种类型（表 6－1）。除 GL 不包括 S 型外，其余居群均包括以上 4 种类型。

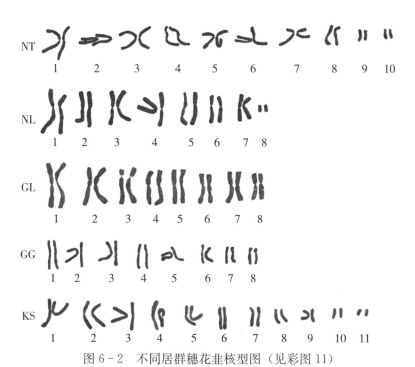

图 6 - 2 不同居群穗花韭核型图（见彩图 11）

表 6 - 1 5 个不同居群穗花韭染色体参数

居群	染色体编号	相对长度		染色体长度类型	长短臂比	着丝粒类型	着丝粒指数（%）
		长臂＋短臂＝全长	系数				
NT	1	2.91＋2.51＝5.42	1.52	L	1.16	m	46.31
	2	2.86＋2.11＝4.97	1.39	L	1.36	m	42.45
	3	2.23＋2.19＝4.42	1.24	M_2	1.02	m	49.55
	4	1.97＋1.93＝3.90	1.09	M_2	1.02	m	49.49
	5	2.25＋1.74＝3.99	1.12	M_2	1.29	m	43.61
	6	2.08＋1.72＝3.80	1.06	M_2	1.21	m	45.26
	7	2.53＋1.09＝3.62	1.01	M_2	2.32	sm	30.11
	8	2.68＋0.30＝2.98	0.83	M_1	8.93	t	10.07
	9	1.02＋0.32＝1.34	0.38	S	3.19	st	23.88
	10	0.80＋0.45＝1.25	0.35	S	1.78	sm	36.00

（续）

居群	染色体编号	相对长度		染色体长度类型	长短臂比	着丝粒类型	着丝粒指数（%）
		长臂＋短臂＝全长	系数				
NL	1	4.49＋2.45＝6.94	1.50	L	1.83	sm	35.30
	2	2.74＋2.44＝5.18	1.12	M_2	1.12	m	47.10
	3	2.61＋2.51＝5.12	1.10	M_2	1.04	m	49.02
	4	2.55＋2.45＝5.00	1.08	M_2	1.04	m	49.00
	5	3.09＋1.84＝4.93	1.06	M_2	1.68	m	37.32
	6	2.47＋2.39＝4.86	1.05	M_2	1.03	m	49.18
	7	2.04＋1.99＝4.03	0.87	M_1	1.03	m	49.38
	8	0.51＋0.51＝1.02	0.22	S	1.00	M	50.00
GL	1	3.42＋3.34＝6.76	1.32	L	1.02	m	49.41
	2	3.19＋2.81＝6.00	1.17	M_2	1.14	m	46.83
	3	4.11＋1.39＝5.50	1.07	M_2	2.96	sm	25.27
	4	2.97＋2.06＝5.03	0.98	M_1	1.44	m	40.95
	5	2.50＋2.51＝5.01	0.97	M_1	1.00	M	50.10
	6	2.69＋1.77＝4.46	0.87	M_1	1.52	m	39.69
	7	2.28＋2.14＝4.42	0.86	M_1	1.07	m	48.42
	8	2.29＋1.64＝3.93	0.76	M_1	1.40	m	41.73
GG	1	2.50＋1.93＝4.43	1.29	L	1.30	m	43.57
	2	2.04＋1.84＝3.88	1.13	M_2	1.11	m	47.42
	3	1.99＋1.92＝3.91	1.14	M_2	1.04	m	49.10
	4	2.29＋1.50＝3.79	1.10	M_2	1.53	m	39.58
	5	2.13＋1.55＝3.68	1.07	M_2	1.37	m	42.12
	6	1.64＋1.21＝2.85	0.83	M_1	1.36	m	42.46
	7	1.36＋1.16＝2.52	0.73	S	1.17	m	46.03
	8	1.75＋0.73＝2.48	0.72	S	2.40	sm	29.44
KS	1	2.43＋1.19＝3.62	1.41	L	2.04	sm	32.87
	2	1.89＋1.66＝3.55	1.38	L	1.14	m	46.76
	3	1.76＋1.75＝3.51	1.37	L	1.01	M	49.86

（续）

居群	染色体编号	相对长度		染色体长度类型	长短臂比	着丝粒类型	着丝粒指数（%）
		长臂＋短臂＝全长	系数				
KS	4	1.98＋1.55＝3.53	1.37	L	1.28	m	43.91
	5	1.73＋1.00＝2.73	1.06	M₂	1.73	sm	36.63
	6	1.43＋1.19＝2.62	1.02	M₂	1.20	m	45.42
	7	1.57＋0.84＝2.41	0.94	M₁	1.87	sm	34.85
	8	1.70＋0.19＝1.89	0.74	S	8.95	t	10.05
	9	1.20＋1.09＝2.29	0.89	M₁	1.10	m	47.60
	10	1.21＋0.12＝1.33	0.52	S	10.08	T	9.02
	11	0.73＋0.05＝0.78	0.30	S	14.60	T	6.41

6.2.3 不同居群穗花韭染色体核型分析

由表6-2和图6-3可知5个不同居群间的穗花韭染色体核型有一定的差异，染色体核型类型有2B、2C、1C三种，其中，GL和GG的染色体核型类型为2B型，NT和KS的染色体核型类型为2C型，NL的染色体核型类型为1C型；染色体长度比最大的是KS（48.60），染色体长度比最小的是GL（2.96）；NL的平均臂比最大

表6-2 不同居群穗花韭核型特征

居群	核型公式	长度比	平均臂比	核型不对称系数（%）	核型类型
NT	2n=2x=12m+4sm+2st+2t	9.70	2.33	59.76	2C
NL	2n=2x=2M+12m+2sm	8.80	1.22	55.29	1C
GL	2n=2x=2M+12m+2sm	2.96	1.44	57.04	2B
GG	2n=2x=14m+2sm	3.42	1.41	57.01	2B
KS	2n=2x=2M+8m+6sm+2t+4T	48.60	4.09	62.38	2C

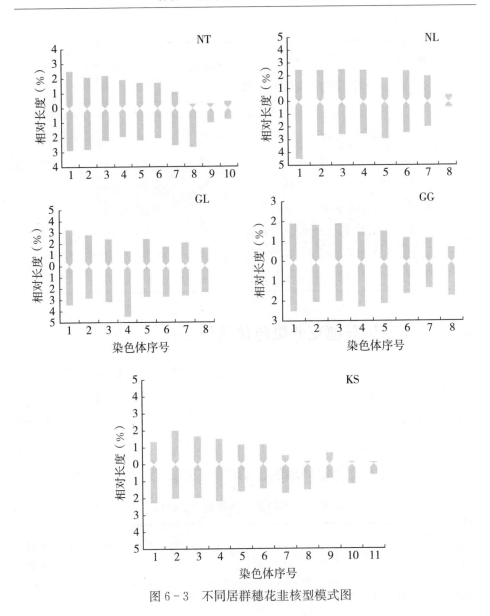

图 6-3 不同居群穗花韭核型模式图

(7.10)，GL 的平均臂比最小（1.72）；核型不对称系数在 55.29%～62.38% 之间，其中 KS 的核不对称系数最大（62.38%），NL 的核不对称系数最小（55.29%），说明 KS 的染色体核型对称性最差，NL 的染色体核型对称性最好。

6.2.4　不同居群穗花韭染色体核型进化趋势分析

从图 6-4 可以看出，NT 沿染色体平均臂比方向进化较快，KS 沿染色体长度比方向进化较快。5 个居群中 KS 最靠近图右方，NL 最靠近图左方，相对而言，KS 具有较高的进化程度，而 NL 的进化程度较低。GG 和 GL 的进化程度相当。就穗花韭居群的染色体核型总体进化趋势而言，5 个穗花韭居群的进化程度由低到高依次为：NL、GG、GL、NT、KS。

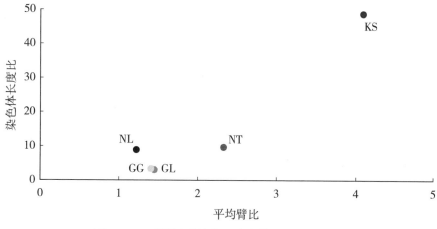

图 6-4　不同居群穗花韭染色体核型进化趋势

6.2.5　不同居群穗花韭染色体核型聚类分析

采用平方欧式距离，利用组间连接法对 5 个穗花韭居群的染色体核型进行聚类分析，构建聚类树状图（图 6-5）。以平方欧式距离的平均值（SED=12.5）为截距，可将 5 个居群划分为 3 个类群。第 1 类群包括 NL、GL、GG，说明这 3 个居群核型相似程度较高，亲缘关系较近，尤其是 NL 和 GL 的亲缘关系最为相近；第 2 类群为 NT，第 3 类群为 KS。

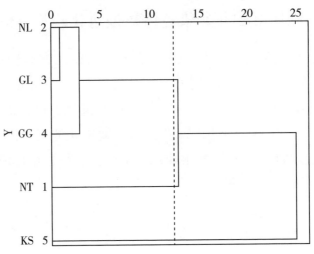

图 6-5　不同居群穗花韭染色体核型聚类分析

6.3　讨论

核型分析是细胞遗传学和植物育种学的重要手段[208]，它是通过分析植物染色体的数目、形态、相对长度和着丝点位置等核型参数[209]确定染色体特征[210]，以判断不同植物种类或不同居群间亲缘关系的远近、进化程度及趋势[211-213]。本研究中 5 个穗花韭居群的染色体均表明穗花韭为二倍体植物，但染色体数目和核型公式有所不同，其中 NL 和 GL 的核型公式为 2n＝2x＝2M＋12m＋2sm；GG 的核型公式为 2n＝2x＝14m＋2sm；NT 的核型公式为 2n＝2x＝12m＋4sm＋2st＋2t；KS 的核型公式为 2n＝2x＝2M＋8m＋6sm＋2t＋4T。1978年 N. Özhatay[19]从英国皇家植物园种植的穗花韭中取材进行穗花韭的细胞学研究，结果认为该物种的染色体数目为 2n＝16，染色体基数 n＝8。Hongguan Tang 等[21]对采自西藏山南、林芝的穗花韭进行细胞学研究，结果表明 2n＝20，染色体基数 n＝10。在本研究中出现了 3 种染色体基数，这种差异可能是同一物种为适应不同的生境，经过长期演变染色体形态表现出多样化的结果[214]。类似研究结果在苦豆子（*Sophora alopecuroides*）[215]、老鸦瓣（*Tulipa edulis*）[216]不同居群的染色体核型研究中也有报道。周春景等[217]对葱属根茎组植物15种25居群进行核型分析时也发现同种植物染色体形态在不同生境下不稳定。

通过对穗花韭5个不同居群的染色体核型分析，发现染色体类型有6种，除NL、GL有3种类型（m、M、sm）外，NT有4种类型（m、sm、t、st），GG有2种类型（m、sm），KS有5种类型（M、m、sm、t、T）。有研究表明，一个种内的染色体，一般以m型染色体和sm型染色体为主，且大多数情况下m型染色体数目多于sm型[218,158]。本研究也得出了相似的结论。一般情况下，核型相似程度越高，物种间亲缘关系越近，核型不对称系数可较为科学地分析和判断物种间的进化趋势[219-222]。Stebbins认为高等植物核型进化基本是由对称向不对称方向发展，较为古老或原始的植物，往往具有较对称的核型[223]。本研究中穗花韭的核型类型有2B、1C和2C三种，核型不对称系数介于55.29％～62.38％，长度比2.96～48.60，平均臂比1.22～4.09，根据核型散点图中坐标点越接近右上方表示核型不对称性越强，进化程度越高，坐标点越靠近左下方核型不对称性越低，进化程度相对也越低[224-225]的方法，本研究中5个居群进化程度由高到低依次为：KS、NT、GL、GG、NL。Inceer等提出以核型数据为基础的聚类分析在一定程度上能更好地考察物种间的亲缘关系[226]。本研究中穗花韭染色体核型聚类分析很好地印证了进化趋势的结论，在欧式距离为12.5时，KS和NT各为一个类群，GL、GG、NL聚为一类。Hongguan Tang等[21]的研究表明穗花韭的核型类型为3B。这可能是由于不同地域生境条件的巨大差异对植物的适应性要求更高，因此穗花韭的进化表现出由B到C这样一个由较为对称向不对称方向发展的趋势，即植物表现出对环境的适应性越强其进化程度越高[215]。本研究中KS在5个居群中演化程度最高，说明在选育时有较高的利用价值。

6.4　小结

本研究发现 5 个不同居群的穗花韭为二倍体，染色体数目为 16、20 或 22。染色体类型包括 M（正中部着丝粒）、m（中部着丝粒）、sm（亚中部着丝粒）、st（亚端部着丝粒）、t（端部着丝粒）、T（正端部着丝粒）6 种类型。染色体长短可以被划分为 L 型（长染色体）、M_2 型（中长染色体）、M_1 型（中短染色体）和 S 型（短染色体）4 种类型。染色体核型类型有 2B、2C、1C。核型不对称系数介于 55.29%～62.38%，长度比 2.96～48.60，平均臂比 1.22～4.09，5 个居群进化程度由高到低依次为：KS、NT、GL、GG、NL。在欧式距离为 12.5 时，KS 和 NT 各为一个类群，GL、GG、NL 聚为一类。

第七章 穗花韭叶绿体基因组结构特征

本研究以采自日喀则市桑珠孜区的穗花韭为研究对象进行叶绿体基因组结构特征的研究，并与已报道的山南市乃东区（采集点简写SND，为了与前文的 SN 野生局群做区别，将该采集点简写改为SND）的穗花韭叶绿体基因组特征进行比较，分析不同地域的穗花韭在叶绿体基因组结构特征方面的差异，从分子学角度为穗花韭遗传多样性研究提供参考。

7.1 材料与方法

叶绿体基因组虽具有高度的保守性，但同一物种在不同地域也因自然选择等原因在密码子偏好性、基因序列等方面存在一定的差异，这对种质资源的收集具有一定的意义。为进一步了解不同地域穗花韭叶绿体基因组是否会因不同的生境压力而表现出一定的遗传多样性，本研究以采集点 SND 的穗花韭叶绿体基因组特征[22]为参考，以采自日喀则市桑珠孜区的穗花韭为研究对象使用高通量测序平台 Illumina NovaSeq 进行二代测序、用 Oxford Nanopore PromethiON 测序仪进行三代测序，最后利用二三代数据一起组装叶绿体基因组，通过生物信息初步分析叶绿体基因组序列特征和结构差异，以及系统发育关系，以期为穗花韭遗传多样性及种质资源收集提供一些参考。

7.1.1　材料

2021 年 8 月在日喀则市桑珠孜区江当乡拉康村（采集点简写：SJ）采集穗花韭新鲜叶片放入液氮罐中送检。

7.1.2　试验方法

7.1.2.1　分析流程图

生物信息分析流程如图 7-1 所示。

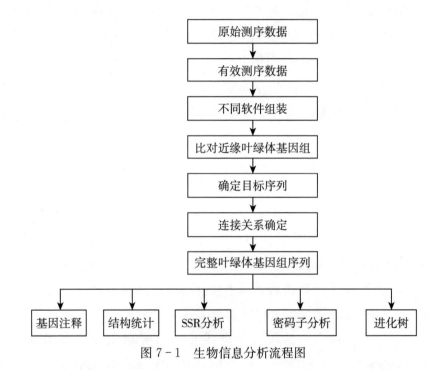

图 7-1　生物信息分析流程图

7.1.2.2　操作步骤

（1）从样品中提取 DNA 进行质检，质检合格后，构建二代测序文库，用 Illumina 高通量测序平台 Illumina NovaSeq 对提取到的基因组 DNA 进行二代测序；对质检合格的样本构建三代测序文库，用 Oxford Nanopore PromethION 测序仪进行实时单分子测序。

（2）高通量测序得到的原始图像数据文件是经碱基识别分析转化而得到的原始数据，为衡量碱基未正确检出的概率，采用测序质量值进行判断[159]，一般碱基质量值越高表明碱基测序错误的可能性越小，即碱基识别越可靠。由于原始测序数据可能包含低质量序列、接头序列等，为保证信息分析结果的可靠性，原始测序数据需要经过过滤得到有效测序数据，以 FASTQ 格式存储[160]。二代过滤标准为：去除 N 碱基含量超过 5％的 reads；去除低质量（质量值小于等于 5）碱基数目达到 50％的 reads；去除有 adapter 污染的 reads；去除 PCR 扩增造成的重复序列。三代过滤标准为：去除平均质量值小于等于 7 的序列。

（3）基于上一步得到的有效数据利用 Flye（version：v.2.8.3；参数：‑meta‑plasmids）软件进行基因组拼接，将拼接结果与近缘参考基因组 Lilium martagon var. pilosiusculum（GenBank accession：NC_039162.1）进行 Blastn（version：2.2.30＋；参数：‑evalue 1e‑5）比对，确定叶绿体的基因组连接关系，连接好的序列，若包含 gap（含 N 序列），则使用 Gapcloser（Version：1.12）进一步补洞，得到最终的拼接结果，对叶绿体基因组进行结构分析[161]。

（4）利用专门针对叶绿体的注释软件 CPGAVAS 2（http：//47.96.249.172：16019/analyzer/annotate）进行基因注释后并绘图[162]。

（5）使用 CodonW（Version：1.4.4）[163]对密码子偏好性进行分析，统计估算相对同义密码子的使用频率，我们对长度大于 300，并且以"ATG""TTG""CTG""ATT""ATC""GTG""ATA"作为起始密码子，"TGA""TAG""TAA"作为终止密码子的基因序列进行了密码子偏好性的分析[164]。如果密码子使用无偏好性，则 RSCU 值为 1；如果该密码子比其他同义密码子使用更频繁，则其 RSCU 值大于 1；反之，RSCU 值则小于 1[165]。

（6）采用 MISA[166]（版本：1.0；默认参数；对应的各个重复单元（unit size）的最少重复次数分别为：1～8、2～4、3～4、4～3、

5～3、6～3，如1～8表示以单核苷酸为重复单位时，其重复数至少为8才可被检测到）对叶绿体进行 SSR 检测[217]，详见（http://pgrc. ipk - gatersleben. de/misa/misa. html）。

（7）长重复序列包括3种类型：正向 F（Forward）、回文 P（Palindromic）和串联 T（Tandem）重复，可能具有促进叶绿体基因组重排的功能，并且增加居群遗传多样性。使用 vmatch（http://www. vmatch. de/；参数：minimal repeat size 30bp）查找叶绿体基因组中的散在长重复序列片段[167]。

（8）从 NCBI（https://www. ncbi. nlm. nih. gov/）上下载近缘种植物叶绿体基因组序列，用软件 MAFFT（Version：7. 017)[168]（Osaka University，Suita，Japan）进行叶绿体基因组的比对，用 MEGAX 软件[169]构建进化树，建树方法采用 Neighbor - Joining Tree，Test of Phylogeny 选择 "Bootstrap method"，No. of Bootstrap Replications 选择 "1000"。最后采用 Figtree 1. 4. 2软件进行进化树的编辑。

7.2 结果与分析

7.2.1 叶绿体基因组基本特征

SJ 采集点的穗花韭叶绿体基因组呈双螺旋环状结构，由典型的四部分组成，包括1个大单拷贝区 LSC、1个小单拷贝区 SSC 和2个反向重复区域 IRs（表7-1、图7-2）。基因组全长152 424bp，含有

表7-1 不同采集点的穗花韭叶绿体基因组结构

| 结构 | SJ | | SND | | 结构 | SJ | SND |
	长度（bp）	GC 含量（%）	长度（bp）	GC 含量（%）		数量（个）	数量（个）
基因组	152 424	36. 90	153 187	36. 90	总基因	115	132
大单拷贝区	82 159	34. 71	82 625	34. 70	mRNA 基因	79	86

（续）

结构	SJ		SND		结构	SJ	SND
	长度（bp）	GC 含量（%）	长度（bp）	GC 含量（%）		数量（个）	数量（个）
小单拷贝区	17 587	29.70	17 920	29.70	rRNA 基因	38	38
重复区域	26 339	42.70	26 321	42.70	tRNA 基因	8	8
重复区域	26 339	42.70	26 321	42.70			

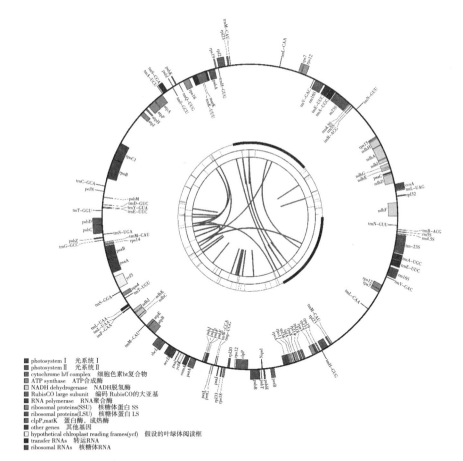

- ■ photosystem Ⅰ　光系统 Ⅰ
- ■ photosystem Ⅱ　光系统 Ⅱ
- ■ cytochrome b/f complex　细胞色素 bt 复合物
- ■ ATP synthase　ATP合成酶
- □ NADH dehydrogenase　NADH脱氢酶
- ■ RubisCO large subunit　编码 RubisCO的大亚基
- ■ RNA polymerase　RNA聚合酶
- ■ ribosomal proteins(SSU)　核糖体蛋白 SS
- ■ ribosomal proteins(LSU)　核糖体蛋白 LS
- ■ clpP,matK　蛋白酶，成热酶
- ■ other genes　其他基因
- □ hypothetical chlroplast reading frames(ycf)　假设的叶绿体阅读框
- ■ transfer RNAs　转运RNA
- ■ ribosomal RNAs　核糖体RNA

图 7-2　SJ 采集点的穗花韭叶绿体基因组环状图（见彩图 12）

注：叶绿体基因组图谱。圆圈内的基因是顺时针转录的，外面的是逆时针转录的。不同功能的基因用不同的颜色编码。内圆中的深灰色显示 GC 内容，而浅灰色显示 AT 内容（内圆中的虚线区域表示 GC 叶绿体基因组的含量）。

0 个 Gap，GC 含量为 36.90%，组装覆盖度为 106.93。大单拷贝区 LSC 长度为 82 159bp，GC 含量为 34.71%；小单拷贝区 SSC 序列长度 17 587bp，GC 含量为 29.70%；反向重复序列 IRA 长度 26 339bp，GC 含量为 42.70%；反向重复序列 IRB 长度 26 339bp，GC 含量为 42.70%。与 SND 采集点的穗花韭叶绿体基因组相比，区别在于基因序列长度不同，SND 的基因组序列更长，各序列的 GC 含量稳定。

7.2.2 叶绿体基因组功能注释

利用 CPGAVAS2 软件在 SJ 采集点的穗花韭叶绿体基因组中共注释到 115 个基因（表 7-1），其中 mRNA79 个、tRNA38 个、rRNA8 个，平均长度分别为 691.39bp、75.79bp、1 129.25bp。相比 SND 采集点的穗花韭叶绿体基因组，mRNA 少了 8 个。

对 SJ 采集点的穗花韭叶绿体基因进行分类，按功能可分为 4 类（表 7-2），分别为：与光合作用有关的基因、与自我复制相关的基因、与生物合成有关的基因、目前功能未知的基因。

表 7-2 SJ 采集点穗花韭叶绿体基因分类表

功能分类	基因分组	基因名称
光合作用	photosystem I	*psaI*，*psaJ*，*psaB*，*psaC*，*psaA*
	photosystem II	*psbM*，*psbK*，*psbC*，*psbI*，*psbL*，*psbB*，*psbJ*，*psbT*，*psbE*，*psbA*，*psbZ*，*psbH*，*psbD*，*psbN*，*psbF*
	NADH dehydrogenase	*ndhG*，*ndhK*，*ndhI*，*ndhJ*，*ndhC*，*ndhF*，*ndhE*，*ndhD*，*ndhA*，*ndhH*
	RubisCO large subunit	*rbcL*
	cytochrome b/f complex	*petG*，*petL*，*petB*，*petA*，*petN*
	ATP synthase	*atpI*，*atpA*，*atpH*，*atpB*，*atpE*，*atpF*

（续）

功能分类	基因分组	基因名称
自我复制	ribosomal proteins（LSU）	*rpl16*，*rpl14*，*rpl23*，*rpl36*，*rpl33*，*rpl20*，*rpl22*，*rpl32*，*rpl2*
	ribosomal proteins（SSU）	*rps19*，*rps18*，*rps15*，*rps4*，*rps16*，*rps12*，*rps8*，*rps14*，*rps7*，*rps3*，*rps11*
	RNA polymerase	*rpoC1*，*rpoA*，*rpoB*，*rpoC2*
	ribosomal RNAs	*rrn23S*，*rrn5S*，*rrn16S*，*rrn4.5S*
	transfer RNAs	*trnL-CAA*，*trnL-UAA*，*trnL-UAG*，*trnM-CAU*，*trnT-UGU*，*trnH-GUG*，*trnP-UGG*，*trnQ-UUG*，*trnS-CGA*，*trnN-GUU*，*trnK-UUU*，*trnS-UGA*，*trnS-GGA*，*trnY-GUA*，*trnG-GCC*，*trnW-CCA*，*trnR-UCU*，*trnA-UGC*，*trnR-ACG*，*trnE-UUC*，*trnV-GAC*，*trnS-GCU*，*trnT-GGU*，*trnF-GAA*，*trnD-GUC*，*trnC-GCA*
其他基因	Maturase	*matK*
	Protease	*clpP*
	Translational initiation factor	*infA*
	other genes	*cemA*，*accD*，*ccsA*
未知功能	hypothetical chloroplast reading frames（ycf）	*ycf4*，*ycf3*

7.2.3 密码子偏好性分析

SJ 采集点的穗花韭叶绿体基因组中 64 个密码子（表 7-3），包括 3 个终止密码子，编码色氨酸（Trp）和甲硫氨酸（Met）的密码子均为 1 个，其余 18 种氨基酸由 2 个以上的密码子编码，编码亮氨酸（Leu）、精氨酸（Arg）和丝氨酸（Ser）的密码子最多，为 6 个。64 个密码子出现次数为 16 581 次，其中，编码亮氨酸（Leu）的密码子出现次数最多，为 1 695 次，占总次数的 10.22%；编码半胱氨酸（Cys）的密码子出现次数最少，为 174 次，占总次数的 1.05%。使用次数最多的密码子为编码异亮氨酸（Ile）的 AUU，为 752 次，使用次数最少的密码子为编码半胱氨酸（Cys）的 UGC，为 40 次。64 个密码子中，RSCU>1 的密码子有 30 个，其中，以 A 结尾的密码子有 13 个，出现次数为 4 788 次，占总次数的 28.88%；以 C 结尾的密码子有 0 个；以 G 结尾的密码子有 1 个，出现次数为 331 次，占总次数的 2.00%；以 U 结尾的密码子有 16 个，出现次数为 6 571 次，占总次数的 39.63%。RSCU=1 的密码子有 2 个，分别为编码甲硫氨酸（Met）的密码子 AUG 和编码色氨酸（Trp）的密码子 UGG，密码子出现次数分别为 378 次和 298 次，占总次数的 4.08%。说明，SJ 采集点的穗花韭叶绿体基因组的密码子偏好以 U 或 A 结尾。相比 SND 采集点的穗花韭叶绿体基因组中编码各氨基酸的密码子数量和 RSCU 值均有小幅度的变化。

表 7-3　不同采集点的穗花韭叶绿体基因组中密码子偏好性统计

AA	SJ			AA	SND		
	Condon	Number	RSCU		Condon	Number	RSCU
Ala	GCU	491	1.85	Ala	GCU	538	1.85
	GCA	308	1.16		GCA	348	1.20
	GCC	155	0.58		GCC	161	0.55
	GCG	107	0.40		GCG	115	0.40
Cys	UGU	134	1.54	Cys	UGU	185	1.54
	UGC	40	0.46		UGC	56	0.46
Asp	GAU	488	1.61	Asp	GAU	691	1.64
	GAC	118	0.39		GAC	154	0.36
Glu	GAA	655	1.52	Glu	GAA	857	1.48
	GAG	205	0.48		GAG	299	0.52

（续）

AA	SJ			AA	SND		
	Condon	Number	RSCU		Condon	Number	RSCU
Phe	UUU	617	1.38	Phe	UUU	827	1.33
	UUC	276	0.62		UUC	418	0.67
Gly	GGA	538	1.67	Gly	GGA	625	1.70
	GGU	438	1.36		GGU	487	1.33
	GGG	195	0.60		GGG	226	0.62
	GGC	121	0.37		GGC	131	0.36
His	CAU	335	1.56	His	CAU	415	1.56
	CAC	95	0.44		CAC	116	0.44
Ile	AUU	752	1.54	Ile	AUU	945	1.49
	AUA	458	0.94		AUA	613	0.97
	AUC	259	0.53		AUC	346	0.55
Lys	AAA	602	1.59	Lys	AAA	884	1.55
	AAG	156	0.41		AAG	254	0.45
Leu	UUA	640	2.27	Leu	UUA	756	2.05
	CUU	348	1.23		CUU	453	1.23
	UUG	331	1.17		UUG	447	1.21
	CUA	207	0.73		CUA	298	0.81
	CUC	86	0.30		CUC	138	0.37
	CUG	83	0.29		CUG	124	0.34
Met	AUG	378	1.00	Met	AUG	498	1.00
Trp	UGG	298	1.00	Trp	UGG	391	1.00
Asn	AAU	544	1.56	Asn	AAU	797	1.56
	AAC	153	0.44		AAC	227	0.44
Pro	CCU	281	1.62	Pro	CCU	338	1.56
	CCA	192	1.11		CCA	247	1.14
	CCC	155	0.89		CCC	189	0.87

（续）

AA	SJ			AA	SND		
	Condon	Number	RSCU		Condon	Number	RSCU
	CCG	66	0.38		CCG	93	0.43
Gln	CAA	465	1.56	Gln	CAA	585	1.54
	CAG	132	0.44		CAG	177	0.46
Arg	AGA	292	1.79	Arg	AGA	395	1.93
	CGU	255	1.56		CGU	280	1.37
	CGA	218	1.33		CGA	269	1.31
	AGG	84	0.51		AGG	119	0.58
	CGG	68	0.42		CGG	87	0.43
	CGC	64	0.39		CGC	78	0.38
Ser	UCU	360	1.81	Ser	UCU	473	1.75
	AGU	280	1.41		AGU	342	1.27
	UCA	217	1.09		UCA	320	1.18
	UCC	180	0.91		UCC	249	0.92
	UCG	99	0.50		UCG	150	0.55
	AGC	57	0.29		AGC	88	0.33
Thr	ACU	364	1.72	Thr	ACU	449	1.67
	ACA	258	1.22		ACA	331	1.23
	ACC	149	0.71		ACC	184	0.68
	ACG	74	0.35		ACG	114	0.42
Val	GUA	377	1.52	Val	GUA	434	1.50
	GUU	375	1.51		GUU	432	1.49
	GUG	139	0.56		GUG	165	0.57
	GUC	102	0.41		GUC	129	0.44
Tyr	UAU	509	1.65	Tyr	UAU	668	1.62
	UAC	107	0.35		UAC	156	0.38

7.2.4 简单重复序列和长重复序列

使用 MISA 得到 SJ 采集点的穗花韭叶绿体基因组中的 SSR 数目为 431 个（表 7 - 4）。其中，以二核苷酸重复类型为主，SSR 数目为 219 个，占 SSR 总数的 50.81%；其次为单核苷酸重复类型，SSR 数目为 169 个，占 SSR 总数的 39.21%；四核苷酸重复类型和三核苷酸重复类型的 SSR 数目分别为 28 个、11 个，五核苷酸重复类型最少，SSR 数目为 4 个，仅占 SSR 总数的 0.93%。使用 vmatch 查找 SJ 采集点的穗花韭叶绿体基因组中的散在长重复序列片段，共发现 2 个正向（Forward）重复序列、4 个回文（Palindromic）重复序列、1 个串联（Tandem）重复序列。其中 1 个回文重复序列较长（26 339bp），其余重复序列长度较短（均在 100bp 以内）。这些重复序列可能促进叶绿体基因组重排的功能，并且增加居群遗传多样性。而 SND 采集点的穗花韭叶绿体基因组中检测到 SSR 数目为 159 个，重复类型有 6 种，并以单核苷酸重复类型为主；在长重复序列中发现 4 种类型的重复，即正向重复（Forward repeats）、反向重复（Reverse repeats）、互补重复（Complement repeats）、回文重复（Palindromic repeats）。

表 7 - 4 SJ 采集点穗花韭叶绿体基因组中 SSR 与长重复序列数量

物种名	简单重复序列（个）					长重复序列（个）		
	单核苷酸	二核苷酸	三核苷酸	四核苷酸	五核苷酸	正向	回文	串联
穗花韭	169	219	11	28	4	2	4	1

7.2.5 系统发育分析

为确定穗花韭的系统发育位置，选取已报道的 21 种百合科植物作为穗花韭的近缘种，1 种禾本科植物为外缘种，从 GenBank 中获得其完整叶绿体基因序列，将穗花韭的叶绿体基因序列与 MAFFT 得到的叶绿体基因序列进行比较，采用 MEGA 构建进化树（图 7 - 3）。

用于构建进化树的植物包括百合科的葱属、豹子花属（*Nomocharis*）、百合属（*Lilium*）、贝母属、假百合属、洼瓣花属（*Lloydia*）、郁金香属（*Tulipa*）、油点草属（*Tricyrtis*）等；禾本科的玉蜀黍属（*Zea*）。葱属系统发育树的所有关键节点均得到 bootstrap 值（构建邻接树，即 NJ - tree 分析）。用 FigTree（ver. 1.4）对进化树进行可视化。进化树分析表明，穗花韭与杯花韭关系密切，其次为滇韭。

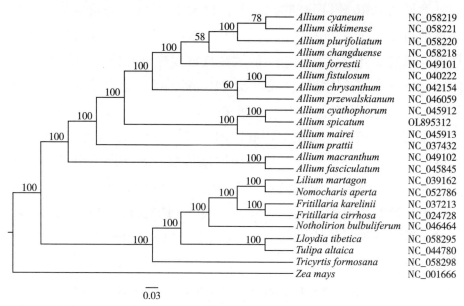

图 7 - 3　基于 23 个叶绿体基因组完整序列的进化树

7.3　讨论

　　叶绿体是植物细胞中的基本细胞器之一，是植物进行光合作用的场所[109]。叶绿体基因组具有高度保守的结构和基因含量，相比核基因组表现出结构简单、分子量小和拷贝多的优点，在植物物种鉴定、遗传多样性和系统发育学研究中应用广泛[227]。叶绿体基因组虽具有高度保守性，但也因自然选择在密码子偏好性、基因间隔序列等方面存在一些差异，这些细微差异为系统发育研究提供了丰富的遗传信息[228-230]，尤其是SSR因其含量极其丰富、分布随机、多态性高，以及为母系遗传等特点，广泛应用于分析标记[231-232]。有学者以杯花韭、川甘韭、穗花韭、滇韭、三柱韭、钟花韭6种葱属植物为研究对象通过Illumina HiSeq platform进行了叶绿体基因组的比较分析，开展系统发育关系和适应性进化研究[22]。其中，穗花韭样品采自西藏山南市乃东区。本研究对山南市乃东区（SND）穗花韭和日喀则市桑珠孜区（SJ）穗花韭叶绿体基因组序列特征和结构差异进行了探讨。结果表明，两个采集点的叶绿体基因组序列长度不同，SND的序列长度要长于SJ的序列长度，但GC含量总体较为稳定。叶绿体基因组功能注释结果SND注释到的基因总数高于SJ，主要是mRNA相差8个，tRNA和rRNA数量非常稳定。

密码子又称遗传密码，作为核酸与蛋白质联系的纽带，在体内传递遗传信息过程中发挥着重要作用[233-234]。密码子编码不同氨基酸时，除了甲硫氨酸（Met）和色氨酸（Trp）仅有一个密码子外，其余氨基酸由2~6个密码子编码，编码同种氨基酸的密码子称为同义密码子。同义密码子受物种进化、基因功能、自然选择等因素的影响使用频率不同，表现出一定的偏好性，通常以密码子第3位碱基含量作为密码子偏好性的主要依据[235-236]。备受关注的"选择-突变-漂变"学说认为突变和选择共同导致了密码子的偏好性，这是物种进化过程中密码子受自然选择的影响而表现出的重要特征[237]。有研究表明，单子叶植物和双子叶植物的密码子偏好性有所不同[238]。

穗花韭叶绿体基因组的密码子偏好于以U或A结尾，且U的使用频率高于A。这与沙葱[96]、籽粒苋（*Amaranthus hypochondriacus*）[239]、糜子（*Panicum miliaceum*）[114]、蒺藜苜蓿（*Medicago truncatula*）[113]等植物的密码子偏好一致；而竹亚科（Bambusoideae）[240]、沙枣（*Elaeagnus angustifolia*）[241]、白草[147]和禾本科的一些植物[242-243]等则多偏好以A或T结尾。表明不同物种的密码子偏好性不同，可能与叶绿体基因组的碱基组成不同有关，也可能与物种的生境不同，受自然选择的压力不同有关[113,243]。穗花韭多地处高寒低氧干旱的生境，所面临的生存压力高于低海拔植物，因此，在物种进化上可能会获得更强的密码子偏好性。

SSR（Simple Sequence Repeats）即简单重复序列，指的是基因组中的一段 DNA，一般由 1～6 个核苷酸为基本单位，重复多次组成长达几十个核苷酸的重复序列。由于组成基本单位和重复次数在每个 DNA 片段中不完全相同，因此，SSR 长度具有高度的变异性，可用于研究物种或个体之间的多态性。通过 IMEx 和 REPuter 分别检测 SND 穗花韭叶绿体基因组中的简单重复序列和长重复序列与 SJ 的有所差异，我们注意到 SND 的 SSR 检测中对应的各个重复单元的最少重复次数的参数设置为：1～10、2～5、3～5、4～4、5～3、6～3（1～10 表示以单核苷酸为重复单元时，其重复数至少为 10 时可被检测到）。而 SJ 的 SSR 检测中参数设置为：1～8、2～4、3～4、4～3、5～3、6～3。推测两个采集点重复序列出现差异可能与软件和参数设置有一定的关系。同时，基因数量的差异和地理、生态因素的影响也是造成差异的一个原因[244]。基因组重复序列作为研究物种进化进程以及遗传特征的重要依据[245]，SND 和 SJ 存在差异性，是植物适应特定生境的一种自然选择。

7.4 小结

本次研究获得了日喀则市桑珠孜区采集点的穗花韭叶绿体基因组呈双螺旋环状结构，由典型的四部分组成。基因组全长 152 424bp，含有 0 个 Gap，GC 含量为 36.90%，组装覆盖度为 106.93。大单拷贝区 LSC 长度为 82 159bp，GC 含量为 34.71%；小单拷贝区 SSC 序列长度 17 587bp，GC 含量为 29.70%；反向重复序列 IRA 长度 26 339bp，GC 含量为 42.70%；反向重复序列 IRB 长度 26 339bp，GC 含量为

42.70%。叶绿体基因组共注释到 115 个基因，按功能分类，可分为与光合作用有关的基因、与自我复制相关的基因、与生物合成有关的基因、目前功能未知的基因。叶绿体基因组的 RSCU>1 的密码子有 30 个，密码子偏好以 U 或 A 结尾。叶绿体基因组中的 SSR 数目为 431 个，并以二核苷酸重复类型为主；长重复序列片段为正向、回文、串联 3 种重复序列。叶绿体基因组的进化树分析表明，穗花韭与杯花韭关系最为密切，其次为滇韭。经与文献报道的山南市乃东区穗花韭叶绿体基因组特征比较发现，不同地域分布的穗花韭在叶绿体基因组序列特征和结构方面存在细微差异，这可能是穗花韭为适应高寒缺氧干旱生境的一种适应性进化表现。

第八章 穗花韭营养成分分析

结合前几章内容的研究结果，选择潜在利用价值相对较大的NT、SJ、LP、BW、SM、AK、NL、GL、KS、JJ、GG等11个穗花韭居群作为研究对象，对穗花韭干样进行饲用营养成分的分析，为穗花韭饲用开发提供科学依据。并选择性状较为突出的BW居群的穗花韭干样为研究对象开展进一步的矿质元素、氨基酸和芳香物质的分析，为穗花韭的食用开发提供科学依据。

8.1 材料与方法

8.1.1 试验设计

选择NT、SJ、LP、BW、SM、AK、NL、GL、KS、JJ、GG等11个穗花韭居群作为研究对象进行地上部分养分分析。在群落结构调查结束的样方内采用收获法收集各样方植株的地上部分制成草地混合样，同时采集开花期的穗花韭单株地上部分单独制样，带回室内自然风干成干样。

8.1.2 测定指标及方法

对各居群的穗花韭干样和草地混合样的干样进行饲用营养成分的分析，包括干物质、灰分、粗蛋白、粗脂肪、粗纤维。并对收集到穗花韭干样较多的BW居群进行矿质元素、氨基酸和芳香物质的测定。具体测试委托中国科学院西北高原生物研究所分析测试中心完成。

水分：GB/T 6435—2014

　　粗灰分：GB/T 6438—2007

　　粗蛋白：凯氏定氮法　GB/T 6432—2018

　　粗脂肪：GB/T 6433—2006

　　粗纤维：过滤法　GB/T 6434—2006

无氮浸出物％＝干物质％－（粗蛋白％＋粗脂肪％＋粗纤维％＋粗灰分％）

　　微量元素：电感耦合等离子体发射光谱法　BS EN 15510：2017

　　氨基酸：GB 5009.124—2016

　　芳香物质：面积归一化法

8.1.3　数据处理

　　采用 Excel 2016 对数据进行整理和绘图，用 SPSS 20 软件对数据进行描述性统计、One - Way ANONA 方差分析及 Duncan's 多重比较，并对数据标准化处理后进行主成分分析（principal component analysis，PCA）、聚类分析（采用组间联接法，种质间遗传距离为平方 Euclidean 距离）[170]。试验数据以"平均值±标准差"表示，$P <$ 0.05 表示差异显著。

　　计算公式[171-174]如下：

无氮浸出物％＝干物质％－（粗蛋白％＋粗脂肪％＋粗纤维％＋粗灰分％）

营养物质总量＝粗蛋白质＋粗脂肪×2.4＋粗纤维＋无氮浸出物

碳氮营养比＝（无氮浸出物＋粗纤维＋粗脂肪×2.4）/粗蛋白质

氨基酸味道强度值＝某风味氨基酸含量/相应氨基酸的味觉阈值。

8.2　结果与分析

8.2.1　饲用品质

8.2.1.1　不同居群穗花韭常规营养成分含量

　　对 11 个穗花韭居群进行穗花韭的营养成分分析（表 8-1），结果表明，穗花韭营养成分为：干物质含量 92.70％～93.77％，灰分含量 8.17%～18.03%，粗蛋白含量 11.53%～16.90%，粗脂肪含量 0.72%～2.43%，粗纤维含量 19.07%～33.77%，无氮浸出物含量 35.57%～43.67%，各居群间养分含量差异明显。其中，JJ 和 KS 干物质含量最高，分别为 93.77% 和 93.73%，显著高于其余居群（$P<0.05$）；NL 的干物质含量最低，为 92.70%，显著低于其余居群（$P<0.05$）。SM 的灰分含量最高，为 18.03%，显著高于其余居群（$P<0.05$）；LP 的灰分含量最低，为 8.17%，显著低于其余居群（$P<0.05$）。GL、NL、SJ 的粗蛋白含量最高，分别为 16.90%、16.87%、16.37%，显著高于其余居群（$P<0.05$）；SM 的粗蛋白含量最低，为 11.53%，显著低于其余居群（$P<0.05$）。GL 的粗脂肪含量最高，为 2.43%，显著高于其余居群（$P<0.05$）；SM 的粗脂肪含量最低，为 0.72%，显著低于其余居群（$P<0.05$）。KS 的粗纤维含量最高，为 33.77%，显著高于其余居群（$P<0.05$）；GL 的粗纤维含量最低，为 19.07%，显著低于其余居群（$P<0.05$）。GL 的无氮浸出物含量最高，为 43.67%，显著高于其余居群（$P<0.05$）；SM 的无氮浸出物含量最低，为 35.57%，与 JJ、KS、SJ 居群差异不显著（$P>0.05$）。

11 个居群中除 NT、SJ、LP、KS 的穗花韭营养类型为氮碳型（NC）类型，其余均为氮碳-灰分（NC－A）类型。整体来看，穗花韭营养类型为氮碳-灰分型（NC－A）。

表 8-1　不同居群穗花韭营养成分分析

居群	干物质（%）	灰分（%）	粗蛋白（%）	粗脂肪（%）	粗纤维（%）	无氮浸出物（%）	营养类型
NT	93.30±0.10^c	8.33±0.06^{gh}	15.50±0.46^b	1.86±0.01^c	27.99±0.32^e	39.62±0.22^c	NC
SJ	93.50±0.00^b	9.03±0.06^f	16.37±0.55^a	1.63±0.03^d	30.70±0.41^c	35.77±0.39^e	NC
LP	93.17±0.06^{cd}	8.17±0.15^h	13.47±0.38^d	1.88±0.02^c	29.47±0.19^d	40.18±0.51^c	NC
BW	93.13±0.15^d	12.40±0.10^b	13.33±0.12^d	1.06±0.04^c	26.76±0.59^f	39.58±0.39^c	NC－A

（续）

居群	干物质（%）	灰分（%）	粗蛋白（%）	粗脂肪（%）	粗纤维（%）	无氮浸出物（%）	营养类型
SM	93.53±0.12[b]	18.03±0.25[a]	11.53±0.31[f]	0.72±0.03[f]	27.68±0.21[c]	35.57±0.64[e]	NC-A
AK	93.13±0.06[d]	10.80±0.20[e]	14.23±0.42[c]	1.87±0.04[c]	27.59±0.38[c]	38.64±0.71[d]	NC-A
NL	92.70±0.00[e]	11.00±0.10[e]	16.87±0.15[a]	2.06±0.05[b]	22.31±0.31[g]	40.46±0.28[c]	NC-A
GL	93.07±0.15[d]	11.00±0.26[e]	16.90±0.00[a]	2.43±0.03[a]	19.07±0.17[h]	43.67±0.28[a]	NC-A
KS	93.73±0.06[a]	8.50±0.10[g]	13.90±0.00[cd]	1.91±0.03[c]	33.77±0.05[a]	35.65±0.14[e]	NC
JJ	93.77±0.06[a]	11.37±0.15[d]	12.17±0.15[e]	1.57±0.02[d]	33.09±0.60[b]	35.57±0.90[e]	NC-A
GG	93.07±0.06[d]	11.73±0.06[c]	15.43±0.42[b]	2.10±0.07[b]	22.20±0.05[g]	41.60±0.40[b]	NC-A
平均	93.28±0.32	10.94±2.70	14.52±1.80	1.74±0.47	27.33±4.46	38.75±2.73	NC-A

8.2.1.2 不同居群草地牧草营养成分及营养型

对 11 个居群的草地牧草混合样进行营养成分分析（表 8-2），结果表明，各居群间牧草养分含量差异较大。其中，SJ 的干物质含量最高，为 94.92%，显著高于其余居群（$P<0.05$），GL 的干物质含量最低，为 93.59%，与 KS 差异不显著（$P>0.05$）；BW 的灰分最高，为 23.37%，显著高于其余居群（$P<0.05$），KS 的灰分最低，为 7.03%，显著低于其余居群（$P<0.05$）；BW 的粗蛋白最高，为 18.37%，显著高于其余居群（$P<0.05$），KS 的粗蛋白最低，为 9.65%，与 NL 差异不显著（$P>0.05$）；GL 的粗脂肪最高，为 2.23%，显著高于其余居群（$P<0.05$），NL 的粗脂肪含量最低，为 1.37%，显著低于其余居群（$P<0.05$）；KS 的粗纤维最高，为 29.70%，与 SJ 差异不显著（$P>0.05$），但显著高于其余居群（$P<0.05$），BW 的粗纤维最低，为 19.88%，显著低于其余居群（$P<0.05$）；NL 的无氮浸出物最高，为 46.15%，与 KS 差异不显著（$P>0.05$），但显著高于其余居群（$P<0.05$），BW 的无氮浸出物最低，为 31.25%，显著低于其余居群（$P<0.05$）。

表 8-2 不同居群草地牧草营养成分及营养型

居群	干物质 (%)	灰分 (%)	粗蛋白 (%)	粗脂肪 (%)	粗纤维 (%)	无氮浸出物 (%)	营养物质总量 (%)	碳氮营养比	草地营养类型
NT	94.18±0.10^d	8.82±0.15^h	12.01±0.22^e	1.74±0.08^e	27.83±0.47^d	43.76±0.38^d	87.79	6.31	NC
SJ	94.92±0.12^a	13.23±0.27^c	12.71±0.43^d	2.18±0.03^a	29.23±0.32^a	37.56±0.73^g	84.74	5.67	NC-A
LP	94.13±0.10	10.42±0.23^e	12.14±0.12^e	1.68±0.04^e	28.48±0.32^{bc}	41.40±0.50^f	86.06	6.09	NC-A
BW	94.70±0.14^b	23.37±0.18^a	18.38±0.39^a	1.83±0.04^d	19.88±0.22^i	31.25±0.51^h	73.91	3.02	A-N
SM	94.48±0.06^c	16.51±0.09^b	13.25±0.15^c	2.09±0.03^b	20.98±0.26^h	41.63±0.35^f	80.91	5.09	NC-A
AK	94.12±0.08^{de}	9.32±0.02^g	13.89±0.14^b	2.18±0.02^a	27.02±0.07^e	41.71±0.13^f	87.85	5.33	NC
NL	94.19±0.06^d	8.15±0.09^i	9.84±0.46^g	1.37±0.02^f	28.68±0.39^b	46.15±0.68^a	87.96	7.94	CN
GL	93.59±0.06^g	10.00±0.08^f	11.33±0.25^f	2.23±0.05^a	25.38±0.26^f	44.65±0.31^{bc}	86.70	6.65	NC
KS	93.73±0.06^{fg}	7.03±0.15^j	9.65±0.34^g	1.94±0.02^c	29.70±0.49^a	45.42±0.32^{ab}	89.41	8.27	CN
JJ	94.14±0.17^{de}	10.04±0.04^f	11.48±0.41^f	1.94±0.02^c	27.95±0.37^{cd}	42.74±0.67^e	86.82	6.57	NC-A
GG	93.92±0.25^{ef}	12.07±0.19^d	12.90±0.14^{cd}	2.21±0.09^a	22.57±0.14^g	44.18±0.32^{cd}	84.95	5.59	NC-A
平均	94.19±0.39	11.72±4.52	12.51±2.29	1.95±0.27	26.15±3.37	41.86±4.13	85.20	5.82	NC-A

　　11 个居群中草地牧草营养物质总量最高的是 KS，达到 89.41%。最低的是 BW，为 73.91%。从碳氮营养比看营养类型，JJ、LP、GG、SJ、SM 的草地营养类型为氮碳-灰分型（NC-A）；AK、NT、GL 的草地营养类型为氮碳型（NC）；KS 和 NL 的草地营养类型为碳氮型（CN）；BW 的草地营养类型为灰分-氮型（A-N）。整体来看，草地营养类型为氮碳-灰分型（NC-A）。

8.2.1.3　不同居群营养成分变异分析

　　对 11 个居群的穗花韭及草地牧草的营养成分变异性进行统计分析（表 8-3），结果表明，穗花韭的粗脂肪变异幅度最大，变异系数为 26.98%，其次是灰分，变异系数为 24.64%，粗纤维和粗蛋白的变异系数也在 10% 以上。草地牧草的灰分变异幅度最大，为 38.52%，粗蛋白、粗脂肪和粗纤维的变异幅度在 10%～20%，营养物质总量变异幅度不大，变异系数为 4.97％。说明，11 个居群的草地因植物种类不同，营养成分有所差异，而穗花韭也因不同的生长环境各居群间营养成分差异较大。

表 8-3 不同居群的营养成分变异分析

样品	营养成分（％）	最小值	最大值	均值	标准差	变异系数（％）
穗花韭	干物质	92.70	93.80	93.28	0.32	0.34
	灰分	8.00	18.30	10.94	2.70	24.64
	粗蛋白	11.20	17.00	14.52	1.80	12.40
	粗脂肪	0.69	2.45	1.74	0.47	26.98
	粗纤维	18.95	33.82	27.33	4.46	16.32
	无氮浸出物	34.90	43.85	38.75	2.73	7.03
牧草混合样	干物质	93.54	95.05	94.19	0.39	0.42
	灰分	6.87	23.57	11.72	4.52	38.52
	粗蛋白	9.37	18.82	12.51	2.29	18.30
	粗脂肪	1.35	2.27	1.95	0.27	13.62
	粗纤维	19.65	30.24	26.15	3.37	12.88
	无氮浸出物	30.74	46.93	41.86	4.13	9.86
	营养物质总量	73.82	89.60	85.19	4.24	4.97

8.2.1.4 穗花韭营养成分的主成分分析

对 11 个居群的穗花韭营养成分进行主成分分析（表 8-4），按照主成分特征值大于 1 的原则，共提取到 2 个主成分，累计贡献率 87.87％。第 1 主成分特征值 3.66，贡献率 61.10％，载荷较高的有无氮浸出物、粗蛋白、粗脂肪；第 2 主成分特征值 1.61，贡献率 26.77％，粗纤维、粗脂肪的载荷因子较高。

根据主成分综合得分（表 8-5），11 个居群穗花韭营养成分得分由高到低依次为：GL＞NL＞GG＞NT＞LP＞AK＞SJ＞KS＞BW＞JJ＞SM。

表 8-4　穗花韭营养成分主成分分析

性状	主成分		与主成分对应的特征向量	
	1	2	A1	A2
干物质	−0.84	0.36	−0.44	0.28
灰分	−0.34	−0.90	−0.18	−0.71
粗蛋白	0.85	0.27	0.44	0.21
粗脂肪	0.78	0.51	0.41	0.40
粗纤维	−0.83	0.54	−0.43	0.42
无氮浸出物	0.91	−0.21	0.48	−0.17
特征值	3.66	1.61		
贡献率（%）	61.10	26.77		
累计贡献率（%）	61.10	87.87		

表 8-5　穗花韭营养成分的主成分综合得分及其排序

居群	F1	F2	F	排序
NT	0.570	0.911	0.674	4
SJ	−0.646	1.297	−0.054	7
LP	0.243	0.722	0.389	5
BW	−0.550	−1.307	−0.780	9
SM	−2.949	−2.566	−2.832	11
AK	0.216	0.013	0.154	6
NL	2.393	−0.546	1.498	2
GL	3.062	−0.401	2.007	1
KS	−1.591	1.869	−0.537	8
JJ	−2.483	0.628	−1.535	10
GG	1.734	−0.621	1.017	3

8.2.1.5　聚类分析

采用组间联接法对 11 个居群的穗花韭通过 6 个营养成分进行聚

类分析，构建聚类树状图（图 8-1）。以平方欧式距离的平均值
（SED=12.5）为截距，可将 11 个居群划分为 3 个类群。

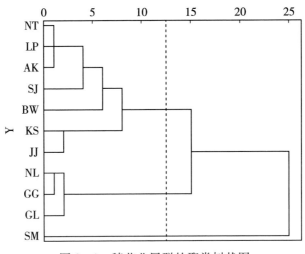

图 8-1 穗花韭居群的聚类树状图

第 1 类群包括 NT、LP、AK、SJ、BW、KS、JJ 共 7 份材料。
第 2 类群包括 NL、GG、GL 共 3 份材料。第 3 类群包括 SM 共 1 份
材料。结合主成分分析结果，第 2 类群的穗花韭营养成分最高，其次
是第 1 类群，第 3 类群的穗花韭营养成分最低。

8.2.2 食用品质

8.2.2.1 穗花韭矿物质元素含量

由表 8-6 可知，穗花韭矿物质元素中钾、钙含量较高，分别为
21.10 毫克/克、6.19 毫克/克，而钠含量较低，为 0.04 毫克/克，钾
钠比为 527.50。说明，穗花韭是一种富含钾钙、低钠的野生牧草。

8.2.2.2 穗花韭氨基酸含量

在穗花韭干样中共检测到 17 种氨基酸（表 8-7），其中含有苏氨
酸 THR、缬氨酸 VAL、甲硫氨酸 MET、异亮氨酸 ILE、亮氨酸
LEU、苯丙氨酸 PHE、赖氨酸 LYS、组氨酸 HIS 等 8 种人体必需氨

基酸。所含氨基酸总量达到 7.84 克/100 克，谷氨酸 GLU 含量最高，达到 1.78 克/100 克，占总氨基酸含量的 22.75%；其次为天冬氨酸 ASP，含量为 0.87 克/100 克，占总氨基酸含量的 11.10%；胱氨酸 CYS 含量最低，为 0.02 克/100 克，占总氨基酸含量的 0.26%。

表 8-6 穗花韭矿物质元素含量

元素	含量（毫克/克）	元素	含量（毫克/克）
钙	6.19±0.11	镁	2.13±0.03
钾	21.10±0.30	锰	0.12±0.15
磷	4.20±0.05	钠	0.04±0.60
铁	0.22±0.45	锌	0.04±0.45

表 8-7 穗花韭氨基酸含量

化合物	含量（克/100 克）	化合物	含量（克/100 克）
天冬氨酸	0.87±0.01	异亮氨酸	0.38±0.00
苏氨酸	0.37±0.01	亮氨酸	0.61±0.00
丝氨酸	0.39±0.01	酪氨酸	0.23±0.01
谷氨酸	1.78±0.01	苯丙氨酸	0.38±0.01
甘氨酸	0.36±0.01	组氨酸	0.18±0.01
丙氨酸	0.38±0.00	赖氨酸	0.49±0.00
胱氨酸	0.02±0.01	精氨酸	0.56±0.01
缬氨酸	0.49±0.00	脯氨酸	0.27±0.00
甲硫氨酸	0.08±0.01	氨基酸总量	7.84±0.06

从表 8-8 可知，呈味氨基酸中鲜味类氨基酸占总氨基酸含量的比值最大，为 40.05%，其次是苦味氨基酸和甜味氨基酸，分别为 27.04% 和 24.87%，芳香类氨基酸占比最小，为 8.04%。

各呈味氨基酸中仅酪氨酸 TYR 和脯氨酸 PRO 的味道强度值小于 1，其余均大于 1。其中，谷氨酸 GLU 的味道强度值最大，达到

59.33，其次是缬氨酸 VAL、精氨酸 ARG、胱氨酸 CYS，味道强度值分别为 12.55、11.20、10.00。味道强度值介于 1～5 的有 7 种，介于 6～10 的有 4 种。

综上，影响穗花韭风味的主要因素为鲜味类氨基酸中的谷氨酸GLU，其次是缬氨酸 VAL、精氨酸 ARG 和胱氨酸 CYS。

表 8-8 穗花韭呈味氨基酸的 RCT 值及特征

分类	化合物	味道阈值（毫克/克）	味道强度值	占总氨基酸含量（%）
芳香类氨基酸	胱氨酸	0.02	10.00	
	酪氨酸	2.6	0.88	8.04
	苯丙氨酸	0.9	4.22	
甜味氨基酸	脯氨酸	3	0.90	
	丝氨酸	1.5	2.60	
	丙氨酸	0.6	6.33	
	苏氨酸	2.6	1.42	24.87
	组氨酸	0.2	9.00	
	甘氨酸	1.3	2.77	
苦味氨基酸	缬氨酸	0.4	12.25	
	亮氨酸	1.9	3.21	
	异亮氨酸	0.9	4.22	27.04
	甲硫氨酸	0.3	2.67	
	精氨酸	0.5	11.20	
鲜味类氨基酸	天冬氨酸	1	8.70	
	赖氨酸	0.5	9.80	40.05
	谷氨酸	0.3	59.33	

8.2.2.3 穗花韭芳香物质含量

从穗花韭干样中共检测出 50 种挥发性风味化合物（表 8-9）。根据各香气化合物的结构特征，将它们分为 10 大类，分别为醛类化合物 10 种，含硫化合物 9 种，酸类化合物 8 种，醇类化合物 6 种，酮类化合物 6 种，萜烯类化合物 5 种，杂环类化合物 2 种，烃类化合物 2 种，酯类化合物 1 种，酚类化合物 1 种，相对含量分别为 22.73%、49.59%、6.06%、3.51%、6.02%、4.40%、2.63%、2.19%、0.86%、2.01%。

醛类化合物包括己醛（0.866）、庚醛（2.136）、壬醛（2.547）、糠醛（4.451）、癸醛（1.768）、苯甲醛（6.820）、5-甲基糠醛（1.070）、α-亚乙基-苯乙醛（1.166）、吡咯-2-甲醛（1.091）、5-甲基-2-苯基-2-己烯醛（0.451）等 10 种。其中，含量高于 1% 的有 8 种，以苯甲醛、糠醛的含量最高，分别为 6.820% 和 4.451%。其次为壬醛（2.547%）和庚醛（2.136%）。醛类化合物含量为 22.366%，占总含量的 22.73%。

含硫化合物包括二甲基二硫化物（4.384）、3,4-二甲基噻吩（2.590）、（Z）-烯丙基甲基二硫醚（5.417）、2-烯丙基甲基二硫醚（0.374）、（E）-烯丙基甲基二硫醚（13.979）、二甲基三硫化物（18.014）、（Z）-1-丙烯基丙基二硫醚（0.344）、（E）-1-丙烯基丙基二硫醚（0.769）、甲基丙基三硫醚（2.919）等 9 种。其中，含量高于 1% 的有 6 种，以二甲基三硫化物、（E）-烯丙基甲基二硫醚的含量最高，分别为 18.014% 和 13.979%，其次为（Z）-烯丙基甲基二硫醚（5.417）和二甲基二硫化物（4.384%）。含硫化合物含量为 48.790%，占总含量的 49.59%。

酸类化合物包括乙酸（1.206）、己酸（0.318）、庚酸（0.684）、辛酸（0.863）、壬酸（0.654）、癸酸（0.429）、月桂酸（0.562）、棕榈酸（1.251）等 8 种。其中，含量高于 1% 的有 2 种，分别为棕榈酸（1.251%）和乙酸（1.206%）。酸类化合物含量为 5.967%，占总含量的 6.06%。

醇类化合物包括 1-己醇（0.382）、1-辛醇（0.892）、2-呋喃甲醇（0.410）、橙花叔醇（0.668）、没药醇氧化物 B（0.486）、α-甜没药萜醇（0.613）等 6 种，含量均小于 1%。醇类化合物含量为

3.451％，占总含量的 3.51％。

酮类化合物包括 4-环戊烯-1，3-二酮（1.061）、6-甲基-3，5-庚二烯-2-酮（0.446）、6，10-二甲基-5，9-十一碳二烯-2-酮（0.495）、β-紫罗兰酮（1.294）、6，10.14-三甲基-2-十五酮（1.029）、茵陈二炔（1.598）等 6 种，其中，含量高于 1％的有 4 种，以茵陈二炔（1.598％）最高。酮类化合物含量为 5.923％，占总含量的 6.02％。

萜烯类化合物包括（Z）-1-甲硫基-1-丙烯（0.529）、1，1′-硫代双-1-丙烯（0.255）、γ-杜松烯（1.224）、α-姜黄烯（1.527）、榄香素（0.793）等 5 种。其中，含量高于 1％的有 2 种，以 γ-杜松烯（1.224％）最高。萜烯类化合物含量为 4.328％，占总含量的 4.40％。

杂环类化合物包括 2-戊基呋喃（1.905）、3-苯基呋喃（0.681），其中含量高于 1％的有 1 种，以 2-戊基呋喃（1.905％）最高。杂环类化合物含量为 2.586％，占总含量的 2.63％。

烃类化合物包括邻伞花烃（0.776）、萘（1.383），其中，含量高于 1％的有 1 种，烃类化合物含量为 2.159％，占总含量的 2.19％。

酯类化合物和酚类化合物各 1 种，分别为二氢猕猴桃内酯（0.844）、2-甲氧基-4-乙烯基苯酚（1.982），分别占总含量的 0.86％、2.01％。

综上，影响穗花韭特征香味的主要是含硫化合物，其中二甲基三硫化物、（E）-烯丙基甲基二硫醚为主要化合物。其次是醛类化合物中的苯甲醛和糠醛。

表 8-9　穗花韭芳香物质含量

编号	化合物	含量（％）	编号	化合物	含量（％）
1	（Z）-1-甲硫基-1-丙烯	0.529	4	庚醛	2.136
2	二甲基二硫化物	4.384	5	1，1′-硫代双-1-丙烯	0.255
3	己醛	0.866	6	2-戊基呋喃	1.905

（续）

编号	化合物	含量 (%)	编号	化合物	含量 (%)
7	3，4-二甲基噻吩	2.590	29	α-姜黄烯	1.527
8	（Z）-烯丙基甲基二硫醚	5.417	30	己酸	0.318
9	邻伞花烃	0.776	31	3-苯基呋喃	0.681
10	2-烯丙基甲基二硫醚	0.374	32	6，10-二甲基-5，9-十一碳二烯-2-酮6，10-二甲基-5，9-十一碳二烯-2-酮	0.495
11	（E）-烯丙基甲基二硫醚	13.979	33	α-亚乙基-苯乙醛	1.166
12	1-己醇	0.382	34	β-紫罗兰酮	1.294
13	二甲基三硫化物	18.014	35	庚酸	0.684
14	壬醛	2.547	36	吡咯-2-甲醛	1.091
15	（Z）-1-丙烯基丙基二硫	0.344	37	橙花叔醇	0.668
16	（E）-1-丙烯基丙基二硫醚	0.769	38	辛酸	0.863
17	乙酸	1.206	39	5-甲基-2-苯基-2-己烯醛	0.451
18	糠醛	4.451	40	6，10.14-三甲基-2-十五酮	1.029
19	癸醛	1.768	41	没药醇氧化物B	0.486
20	苯甲醛	6.820	42	壬酸	0.654
21	甲基丙基三硫醚	2.919	43	2-甲氧基-4-乙烯基苯酚	1.982
22	1-辛醇	0.892	44	α-甜没药萜醇	0.613
23	5-甲基糠醛	1.070	45	榄香素	0.793
24	4-环戊烯-1，3-二酮	1.061	46	茵陈二炔	1.598
25	6-甲基-3，5-庚二烯-2-酮	0.446	47	癸酸	0.429
26	2-呋喃甲醇	0.410	48	二氢猕猴桃内酯	0.844
27	萘	1.383	49	月桂酸	0.562
28	γ-杜松烯	1.224	50	棕榈酸	1.251

8.3 讨论

决定牧草营养品质的重要指标是粗蛋白和粗脂肪，因为粗脂肪是提供能量的重要物质，而粗蛋白质是含氮物质的总和，粗脂肪和粗蛋白含量越高，粗纤维含量越低，牧草营养价值越高[246-247]。本研究中穗花韭粗蛋白含量为 16.90%～11.53%，粗脂肪含量为 2.43%～0.72%，粗纤维含量为 33.77%～19.07%，11 个居群的穗花韭粗蛋白、粗脂肪、粗纤维平均含量分别为 14.52%、1.74%、27.33%。低于内蒙古砂韭、野韭、沙葱、青甘韭、细叶韭的叶片和花的粗脂肪含量（叶片 3.75%～5.25%；花 4.01%～6.71%），介于这 5 种植物叶片的粗蛋白含量（11.44%～18.95%），低于花中的粗蛋白含量（20.48%～26.95%）[248]。新疆棱叶蒜鳞茎和叶中的蛋白质含量分别为 12.21% 和 7.55%，而沙葱鳞茎和实葶葱叶中的蛋白质含量仅为 4.55% 和 3.90%；棱叶蒜和沙葱鳞茎的粗脂肪含量分别为 15.83%、5.15%，实葶葱和沙葱叶中的粗脂肪含量分别为 10.63% 和 2.38%[116]。植物营养成分的多寡不仅与种类有关，还与样品的干鲜状态有关。本研究是从干样中进行检测，认为穗花韭是一种富含粗蛋白质的植物。

草地营养物质的基本元素是牧草所含氮物质（粗蛋白质）、碳物质（包括粗脂肪、粗纤维、无氮浸出物）和灰分（即矿物质），牧草营养比可用于划分草地的营养类型，其比值愈低，草群质量愈好[242,249-250]。本研究 11 个居群中 NT、SJ、LP、KS 居群的穗花韭营养类型为氮碳型（NC），其余为氮碳-灰分型（NC-A），整体营养类型为氮碳-灰分型（NC-A）；而草地的营养类型有氮碳（NC）、氮碳-灰分（NC-A）、灰分-氮（A-N）、碳氮（CN）4 种类型，草地整体营养类型为氮碳-灰分（NC-A），这主要是因为 11 个居群草地类型多为高寒草地，群落植被组成差异较大有关，从本研究来看，穗花韭的营养类型对整个草地的营养类型是有一定贡献的。辛玉春等[249]对青海省天然草地营养类型的研究认为高寒草原类多为氮碳-灰分（NC-A）型，地处海拔高，氮物质和粗灰分含量相对较高，具有典型的粗蛋白、粗脂肪、无氮浸出物含量高，粗纤维含量低的"三高一低"的营养特点。这与本研究结果相似。

矿质元素是植物和人体不可或缺的一部分，影响着生物体的正常生长与代谢[251]。比如初花期的沙葱的常量元素钾和微量元素铁含量特别高，分别达到 20.47 毫克/克和 431.7 毫克/克，钠含量为 5.47 毫克/克，因此，沙葱是一种富含铁的野生牧草[252]。钾钠比与食材品质有一定的联系，较高的钾钠比对人体健康有益[253]。本研究中穗花韭的矿质元素含量虽低于野生宽叶韭和来自藏东南 3 个野生韭居群的矿质元素含量，但钾钠比远高于二者[121,118]，所含钾钙磷镁铁也比种植在拉萨的藏葱要高[254]。因此，穗花韭是一种高钾低钠的牧草。

葱属植物的风味是评价其品质的重要指标，近年来关于其芳香物质的研究较多，有研究发现葱属植物所含挥发性化合物种类繁多，含量也差异巨大，这些化合物相互作用，构成了不同葱属植物的典型特征香气[255]。朗杰等[120]将采自西藏八宿县的野生青甘韭移栽至西藏农牧学院葱属植物资源圃 3 年后，从青甘韭花中检测到的芳香物质可达23 种，可分为醇类、硫化物、烷类、醛类、酯类、呋喃类、醚类、酮类等 7 类，其中烷类含量最高，占总量的 42.09%。而叶中的芳香物质为 8 种，可分为硫化物、醛类、醚类 3 类，其中醚类含量最高，占总量的 57.69%。因此，青甘韭因气味浓烈，被牧民采集作为特色佐料食用，有些牧民还会将青甘韭与穗花韭混合制成干样食用。这与我们的调查结果一致，从感官上来讲，相比青甘韭整个植株具有的强烈葱蒜味，穗花韭的气味要柔和清香很多。关志华等[122]将采自西藏各地的 8 种野生葱属植物移栽至林芝市巴宜区 3 年后，采用 SPME-GC-MS 法对杯花韭、大花韭、天蓝韭、多星韭、粗根韭、太白韭、野葱、野黄韭进行挥发性物质的检测，发现这 8 种韭的叶中分别含有

12、12、6、9、8、3、12、14 种挥发性物质。其中，多星韭中乙醚含量最高，可达 53％以上；大花韭、野葱、太白韭中二甲基二硫化物最高，其中，大花韭和野葱中的含量均可达 45％以上；天蓝韭中乙醚和二甲基二硫化物占 75％以上；粗根韭中的二烯丙基二硫化物最高。杨定宽等[256]采用顶空固相微萃取-气相色谱质谱联用法检测泡薤头中的挥发性物质，发现泡薤头中含有的 34 种风味物质，可分为 8 类，其中，硫化物含量最高，尤其是二硫化碳和甲基丙基二硫。以上研究结果均来自鲜样检测，王斌等[257]认为研究葱类植物干样中的挥发性物质，对于植物后期深加工和综合利用更有指导意义。他通过采用顶空固相微萃取技术富集内蒙古野葱干中的挥发性香气成分，发现导致内蒙古野葱干样中的关键香气成分为二甲基三硫醚、乙酸、2，3-丁二醇和苯甲醛。含硫化合物、醚类与醛类是新鲜葱类中特征香味的主要来源，醛类物质大多以苯甲醛为主，硫化物的种类则因葱的品种不同而差异较大[122,256]，本研究也得出了类似研究结果，以二甲基三硫化物、（E）-烯丙基甲基二硫醚为主的含硫化合物是影响穗花韭特征香味的主要因子，其次是醛类化合物中的苯甲醛和糠醛。植物呈现出特殊的芳香气味不仅取决于其特有的挥发性化合物的浓度多少，更取决于其气味阈值，阈值较低时，更易被感知[258]。含三硫化物在内的硫化合物呈现出稍带有一点硫黄香气的浓郁葱香香气[259]，醛类一般具有奶油、脂肪、草香以及清香等气味[260]，二者均属阈值较低的一类化合物，在穗花韭中含硫化合物和醛类化合物的相对含量分别达到了 19.59％和 22.73％，为穗花韭特征香味的主要来源，与其他 8 类化合物相互协调共同构成了穗花韭较其他葱类更为柔和的芳香气味。

8.4　小结

本研究除 NT、SJ、LP、KS 的穗花韭营养类型为氮碳型（NC）

类型，其余均为氮碳-灰分（NC‐A）类型；居群草地营养类型则有氮碳-灰分型（NC‐A）、氮碳型（NC）、碳氮型（CN）和灰分-氮型（A‐N）；整体来看，穗花韭和居群草地营养类型均为氮碳-灰分型（NC‐A）。11个居群间养分差异较大，穗花韭的粗脂肪和灰分变异幅度最大，变异系数分别为 26.98%、24.64%，而草地混合样的灰分变异幅度最大，为 38.52%。结合主成分分析和聚类结果，南木林县拉布普乡、岗巴县岗巴镇和龙中乡 3 个穗花韭居群的饲用潜力最大。穗花韭富含钾钙，低钠、粗蛋白质。在穗花韭干样中共检测到17 种氨基酸，氨基酸总量达 7.84 克/100 克，谷氨酸是影响穗花韭风味的主要因素；共检测到 50 种挥发性风味化合物，其中，醛类化合物 10 种，含硫化合物 9 种，酸类化合物 8 种，醇类和酮类化合物各 6种，萜烯类化合物 5 种，杂环类和烃类化合物各 2 种，酯类和酚类化合物各 1 种。含硫化合物，尤其是二甲基三硫化物和（E)-烯丙基甲基二硫醚为影响穗花韭特征香味的主要化合物。

参 考 文 献

[1] 孟祥江，侯元兆 . 森林生态系统服务价值核算理论与评估方法研究进展 [J]. 世界林业研究，2010，(6)：8－12.

[2] Reaka‐Kudla M L，Wilson D E，Wilson E O. Biodiversity II：Understanding and Protecting Our Biological Resources [M]. Washington DC：Joseph Henry Press，1997.

[3] 杨明，周桔，曾艳，等 . 我国生物多样性保护的主要进展及工作建议 [J]. 中国科学院院刊，2021 (4)：399－408.

[4] 多吉顿珠，尼玛仓决，土登群配，等 . 西藏野生牧草种植资源现状与保护利用对策建议 [J]. 西藏科技，2021 (1)：8－11.

[5] Choi H J，Giussani L M，Jang C G，et al. Systematics of disjunct northeastern Asian and northern North American Allium（Amaryllidaceae）[J]. Botany，2012，90：491－508.

[6] Kole C. Wild crop relatives：genomic and breeding resources [M]. Berlin：Springer－Verlag，2011.

[7] 武亚红，赵青，王海平 . 葱属植物分类研究进展 [J]. 园艺学报，2021，48 (7)：1418－1428.

[8] Fritsch R M，Blattner F R，Gerushidze M. New classification of *Allium* L. subg. *Melanocrommyun*（WEBB ＆ BERTHEL. ）ROUY（Alliaceae）based on molecular and morphological characters [J]. Phyton Annales Rei Botanicae，2010，49 (2)：145－220.

[9] 许介眉 . 中国植物志：第 14 卷 [M]. 北京：科学出版社，1980.

[10] 中国科学院青藏高原综合科学考察队 . 西藏植物志：第 5 卷 [M]. 北京：科学出版社，1983.

[11] Prain D. On *Milula* a new genus of Liliaceae from the Eastern Himalaya [J]. Sci. Mem. Med. Offic. Army India，1895 (9)：25－27.

[12] Friesen N. , Fritsch R. M. , Pollner S. , et al. Molecular and Morphological Evidence for an Origin of the Aberrant Genus *Milula* within Himalayan Species of *Allium* (Alliacae) [J]. Molecular Phylogenetics and Evolution, 2000, 17 (2): 209 - 218.

[13] 刘振，康秀华，苗玉华，等 . 葱属植物在畜禽养殖中的应用及前景分析 [J]. 今日畜牧兽医，2020 (12): 76 - 77.

[14] 潘振东，李璐，薛梦莹，等 . 太白韭对金黄色葡萄球菌的抑制作用 [J]. 中国食品学报，2021, 21 (1): 318 - 326.

[15] 李美萍，刘燕，张生万，等 . 细叶韭花醇提物化学成分及抑菌作用研究 [J]. 中国调味品，2020, 45 (8): 35 - 38.

[16] 郝转 . 葱属类植物研究进展 [J]. 贵州农业科学，2017, 45 (11): 110 - 113.

[17] 赵国芬，赵志恭，敖长金，等 . 沙葱和油料籽实对羊肉品质常规指标的影响 [J]. 饲料工业，2007, 28 (15): 39 - 42.

[18] Stearn W. T. *Allium* and *Milula* in the Central and Eastern Himalaya [J]. Bull. Brit. nat. Hist. Mus. (Bot) . 1960 (2): 161 - 191.

[19] Özhatay N. The Chromosomes of *Milula spicata* (Liliaceae) [J]. Kew Bulletin, 1978, 32 (2), 453 - 454.

[20] Friesen N, Fritsch R M, Blattner F R. Phylogeny and new intrageneric classification of *Allium* (Alliaceae) based on nuclear ribosomal DNA ITS sequences [J]. Aliso, 2006, 22: 372 - 395.

[21] Hongguan T, Lihua M, Shiqing A, et al. Origin of the Qinghai - Tibetan Plateau endemic *Milula* (Liliaceae): further insights from karyological comparisons with *Allium* [J]. Caryologia, 2005, 58 (4): 320 - 331.

[22] Xin Y, Dengfeng X, Junpei C, et al. Comparative Analysis of the Complete Chloroplast Genomes in *Allium* Subgenus *Cyathophora* (Amaryllidaceae): Phylogenetic Relationship and Adaptive Evolution [J]. BioMed Research International, 2020, (2020): 1 - 18.

[23] 曹可凡 . 基于 ISSR 分子标记对青藏高原野生穗花韭遗传多样性分析 [D]. 林芝：西藏农牧学院，2021.

[24] 王小宁 . 青藏高原不同居群穗花韭矿质元素差异性分析 [D]. 林芝：西藏农牧学院，2021.

[25] 关志华，曹可凡，李宁，等 . 西藏不同居群野生穗花韭重金属含量评价 [J]. 中国蔬菜，2022 (4): 35 - 44.

［26］国家自然科学基金委员会生命科学部 2016 年度地区基金项目［J］. 生命科学，2016，28（12）：1547 - 1564.

［27］Kriticos D J，Sutherst R W，Brown J R，et al. Climate change and the potential distribution of an invasive alien plant：*Acacia nilotica* ssp. *indica* in Australia［J］. J Appl Ecol，2003，40（1）：111 - 124.

［28］Peterson A T，Papes M，Kluza D A. Predicting the potential invasive distributions of four alien plant species in North America［J］. Weed Sci，2003，51（6）：863 - 868.

［29］Yang X Q，Kushwaha S P S，Saran S，et al. Maxent modeling for predicting the potential distribution of medicinal plant，*Justicia adhatoda* L. in Lesser Himalayan foothills［J］. Ecol Eng，2013，51：83 - 87.

［30］乔慧捷，胡军华，黄继红. 生态位模型的理论基础、发展方向与挑战［J］. 中国科学：生命科学，2013，43（11）：915 - 927.

［31］Phillips S J，Anderson R P，Dudik M，et al. Opening the black box：An open - source release of Maxent［J］. Ecography，2017，40（7）：887 - 893.

［32］Fukuda S，De Baets B，Waegeman W，et al. Habitat prediction and knowledge extraction for spawning European grayling（*Thymallus thymallus* L.）using a broad range of species distribution models［J］. Environ Modell Softw，2013，47：1 - 6.

［33］王运生，谢丙炎，万方浩，等. Roc 曲线分析在评价入侵物种分布模型中的应用［J］. 生物多样性，2007，15（4）：365 - 372.

［34］刘艳梅，周颂东，谢登峰，等. 基于最大熵模型（MaxEnt）预测暗紫贝母的潜在分布［J］. 广西植物，2018，38（3）：352 - 360.

［35］魏博，马松梅，宋佳，等. 新疆贝母潜在分布区域及生态适宜性预测［J］. 生态学报，2019，39（1）：228 - 234.

［36］姚馨，张金渝，万清清，等. 滇黄精的潜在分布与气候适宜性分析［J］. 热带亚热带植物学报，2018，26（5）：439 - 448.

［37］姬柳婷，郑天义，陈倩，等. 北重楼潜在适生区对气候变化的响应及其主导气候因子［J］. 应用生态学报，2020，31（1）：89 - 96.

［38］车乐，曹博，白成科，等. 基于 MaxEnt 和 ArcGIS 对太白米的潜在分布预测及适宜性评价［J］. 生态学杂志，2014，33（6）：1623 - 1628.

［39］莫忠妹. 薤白的谱系地理学研究［D］. 贵州：贵州大学，2020.

［40］王伯荪. 植物群落学［M］. 北京：高等教育出版社，1987.

［41］方精云，王襄平，沈泽昊，等．植物群落清查的主要内容、方法和技术规范［J］．生物多样性，2009，17（6）：534.

［42］Ma K P. Studies on biodiversity and ecosystem function via manipulation experiments［J］. Biodiversity Science，2013，21（3）：247－248.

［43］卢训令，梁国付，汤茜，等．黄河下游平原农业景观中非农生境植物多样性［J］．生态学报，2014，24（4）：789－797.

［44］喻武，万丹，汪书丽，等．藏东南泥石流沉积区植物群落结构和物种多样性特征［J］．山地学报，2013，31（1）：120－126.

［45］李想，于红博，刘月璇，等．锡林郭勒不同草原类型群落生物量及多样性研究［J］．草地学报，2022，30（1）：196－204.

［46］黎明．青海湖北岸山地干草原植物群落多样性分析［J］．草业科学，2010，4（1）：20－24.

［47］Tilman D，Wedin D，Knops J. Productivity and sustainability influenced by biodiversity in grassland ecosystems［J］. Nature，1996，379（6567）：718－720.

［48］董世魁，刘世梁，邵新庆，等．恢复生态学［M］．北京：高等教育出版社，2009.

［49］张亚峰，王新平，虎瑞，等．荒漠灌丛微生境土壤温度的时空变异特征：灌丛与降水的影响［J］．中国沙漠，2013，33（2）：536－542.

［50］袁国富，张佩，薛沙沙，等．沙丘多枝柽柳灌丛根层土壤含水量变化特征与根系水力提升证据［J］．植物生态学报，2012，36（10）：1033－1042.

［51］王钰鑫．青藏高原植物保育作用对其冠层下植物群落结构以及土壤理化性质的影响［D］．兰州：兰州大学，2013.

［52］Badano E I，Marquet P A，Cavieres L A. Predicting effects of ecosystem engineering on species richness along primary productivity gradients［J］. Acta Oecologica，2010，36（1）：46－54.

［53］王星．荒漠草原人工柠条（*Caragana intermedia*）对冠下草本植物的保育作用及环境解释［D］．银川：宁夏大学，2022.

［54］田丽毛．乌素沙地东南缘植被恢复中优势灌丛的保育作用研究［D］．西安：陕西师范大学，2016.

［55］吕仕洪，李象钦，白坤栋，等．石漠化区先锋树种对青冈幼苗的保育作用及枝叶性状的影响［J］．生态学杂志，2018，37（7）：1917－1924.

［56］吕仕洪，黄甫昭，陆树华，等．桂西南石漠化山区灌草丛对青冈和蒜头果直播造

林的影响 [J]. 植物科学学报，2016，34（1）：38－46.

[57] Ale R，Zhang L，Li X，et al. Water shortage drives interactions between cushion and beneficiary species along elevation gradients in dry Himalayas [J]. Journal of Geophysical Research：Biogeosciences，2018，123：226－238.

[58] 赵锐明，回嵘. 我国不同气候带优势高山垫状植物的小尺度点格局研究 [J]. 生态科学，2023，42（2）：145－154.

[59] 赵一之. 内蒙古葱属植物的分类 [J]. 内蒙古大学学报（自然科学版），1993，24（01）：105－111.

[60] 赵一之. 内蒙古葱属植物生态地理分布特征 [J]. 内蒙古大学学报（自然科学版），1994，25（5）：546－553.

[61] 刘世增，马全林，严子柱，等. 甘肃沙葱的地理分布与群落结构特征 [J]. 中国沙漠，2005，25（06）：964－969.

[62] 张莹花，刘世增，尉秋实，等. 沙葱（*Allium mongolicum*）的分布和结实特性 [J]. 中国沙漠，2014，34（2）：391－395.

[63] 葛欢. 内蒙古高原多根葱草原群落特征及其建群种生态适应性研究 [D]. 内蒙古：内蒙古大学，2015.

[64] 夏晨曦，郭文文，屈兴乐，等. 西藏佩枯措种子植物资源特征分析 [J]. 高原农业，2018，2（5）：470－478.

[65] 蒋亚君，申晴，丁西朋，等. 柱花草种质资源表型性状的多样性分析 [J]. 草业科学，2017，34（5）：1032－1041.

[66] 徐东旭，姜翠棉，宗绪晓. 蚕豆种质资源形态标记遗传多样性分析 [J]. 植物遗传资源学报，2010，11（4）：399－406.

[67] 张鲜艳，张飞，陈发棣，等. 12份不同地理居群野菊的遗传多样性分析 [J]. 南京农业大学学报，2011，34（3）：48－54.

[68] Pigliucci M，Murren C J，Schlichting C D. Phenotypic plasticity and evolution by genetic assimilation [J]. Journal of Experimental Biology，2006，209（12）：2362－2367.

[69] 侯向阳，白乌云. 基于表型性状的羊草遗传多样性评价 [J]. 草地学报，2022，30（3）：631－636.

[70] 李鸿雁，李俊，黄帆，等. 内蒙古78份葱属野生种表型遗传多样性分析 [J]. 植物遗传资源学报. 2017，18（4）：620－628.

[71] VanBerloo R. GGT 2.0：versatile software for visualization and analysis of genetic

data [J]. J Hered, 2008, 99 (2): 232 - 236.

[72] 杨塞, 肖亮, 王钻, 等. 南荻种质农艺及品质性状主成分聚类分析与综合评价 [J]. 中国草地学报, 2016, 38 (3): 26 - 33.

[73] Greipsson S, Davy A J. Seed mass and germination behaviour in populations of the dune - building grass Leymus arenaius [J]. Annual of Botany, 1995, 76: 493 - 501.

[74] 李洪果, 陈达镇, 许靖诗, 等. 濒危植物格木天然种群的表型多样性及变异 [J]. 林业科学, 2019, 55 (4): 69 - 83.

[75] 刁松锋, 邵文豪, 姜景民, 等. 基于种实性状的无患子天然群体表型多样性研究 [J]. 生态学报, 2014, 34 (6): 1451 - 1460.

[76] Kole C. Wild crop relatives: genomic and breeding resources [M]. Berlin: Springer - Verlag, 2011.

[77] 刘华敏, 智丽, 赵丽华, 等. 四种野生百合核型分析 [J]. 植物遗传资源学报, 2010, 11 (4): 469 - 473.

[78] 邱正明, 周洁, 符家平. 蔬菜染色体核型研究进展 [J]. 湖北农业科学, 2018, 57 (23): 11 - 14.

[79] 谢晓君, 王奎玲, 姜新强, 等. "红霸天"百合的核型分析 [J]. 青岛农业大学学报（自然科学版）, 2014, 31 (1): 9 - 12.

[80] 薛晓东, 吾买尔夏提·塔汉, 代培红, 等. 不同居群大赖草的核型研究 [J]. 新疆农业大学学报, 2015, 38 (3): 205 - 211.

[81] 周颂东, 何兴金, 余岩, 等. 葱属根茎组8种21居群植物的核型研究 [J]. 植物分类学报, 2007, 45 (2): 207 - 216.

[82] 杨天灵, 宁雅楠, 林辰壹, 等. 健蒜、多籽蒜和新疆蒜的核型特征 [J]. 园艺学报, 2014, 41 (7): 1391 - 1399.

[83] 魏先芹, 李琴琴, 何兴金, 等. 13种21居群葱属植物的细胞分类学研究 [J]. 植物科学学报, 2011, 29 (1): 18 - 30.

[84] Brullo S, Guglielmo A, Pavone P, et al. Cytotaxonomic considerations on Allium stamineum Boiss. group (Alliaceae) [J]. Bocconea, 2007, 21: 325 - 343.

[85] 周春景, 周颂东, 黄德青, 等. 中国葱属根茎组植物15种25居群的核型研究 [J]. 植物分类与资源学报, 2012, 34 (2): 120 - 136.

[86] 燕玲, 孟焕文, 张宇. 内蒙古葱属（Allium L.）5种常见根茎组植物的核型研究 [J]. 内蒙古农业大学学报, 2001, 22 (2): 37 - 40.

［87］解新明，云锦凤．植物遗传多样性及其检测方法［J］．中国草地，2000（6）：51－59．

［88］严学兵，郭玉霞，周禾，等．青藏高原垂穗披碱草遗传变异的地理因素分析［J］．西北植物学报，2007，27（2）：328－333．

［89］杨帆，林辰壹，席延坡，等．葱属植物棱叶薤的形态性状与核型特征［J］．植物遗传资源学报，2014，15（6）：1262－1269．

［90］胡春亚，蒋小军，王跃峰，等．基于形态性状的葱属粗根组植物系统发育关系［J］．亚热带植物科学，2018，47（4）：363－369．

［91］Li M J，Tan J B，Xie D F，et al. Revisiting the evolutionary events in Allium sub-genus Cyathophora（Amaryllidaceae）：Insights into the effect of the Hengduan Mountains Region（HMR）uplift and Quaternary climatic fluctuations to the envi-ronmental changes in the Qinghai－Tibet Plateau［J］．Molecular Phylogenetics and Evolution，2016，94：802－813．

［92］Li M J，Guo X L，Li J，et al. Cytotaxonomy of Allium（Amaryllidaceae）subgen-era Cyathophora and Amerallium sect. Bromatorrhiza［J］．Phytotaxa，2017，331（2）：185－198．

［93］李晓彤．中国不同纬度野大豆种群遗传多样性研究［D］．济南：山东师范大学，2020．

［94］Perdereau A，Klaas M，Barth S，et al. Plastid genome sequencing reveals biogeo-graphical structure and extensive population genetic variation in wild populations of *Phalaris arundinacea* L. in north－western Europe［J］．GCB Bioenergy，2017，9（1）：46－56．

［95］杨俏俏，姜梅，王立强，等．药食两用薤头叶绿体基因组解析、比较基因组学及系统发育研究［J］．药学学报，2019，54（1）：173－181．

［96］王媛媛，杨美青．沙葱叶绿体基因组密码子使用偏好性分析［J］．分子植物育种，2021，19（4）：1084－1092．

［97］樊守金，郭秀秀．植物叶绿体基因组研究及应用进展［J］．山东师范大学学报（自然科学版），2022，37（1）：22－31．

［98］Ris H，Plaut W. Ultrastructure of DNA－containing areas in the chloroplast of *Chlamydomonas*［J］．J Cell Biol，1962，13（3）：383－391．

［99］Shinozaki K，Ohme M，Tanaka M，et al. The complete nucleotide sequence of the tobacco chloroplast genome：its gene organization and expression［J］．Plant Mol

Biol Report，1986，5（9）：2043-2049.

[100] Birky C W. Uniparental inheritance of mitochondrial and chloroplast genes：mechanisms and evolution [J]. P Natl Acad Sci USA，1995，92（25）：11331-11338.

[101] 胡适宜. 被子植物质体遗传的细胞学研究 [J]. 植物学报，1997，39（4）：363-371.

[102] Zhang Q，Liu Y，Sodmergen. Examination of the cytoplasmic DNA in male reproductive cells to determine the potential for cytoplasmic inheritance in 295 angiosperm species [J]. Plant Cell Physiol，2003，44（9）：941-951.

[103] Daniell H.，Lin C. S.，Yu M.，et al. Chloroplast genomes：diversity，evolution，and applications in genetic engineering [J]. Genome Biol.，2016，17（1）：134.

[104] Jansen R K，Raubeson L A，Boore J L，et al. Methods for obtaining and analyzing whole chloroplast genome sequences [J]. Method Enzymol，2005，395：348-384.

[105] 朱婷婷，张磊，陈万生，等. 1 342 个植物叶绿体基因组分析 [J]. 基因组学与应用生物学，2017，36（10）：4323-4333.

[106] Jansen R K，Raubeson L A，Boore J L，et al. Methods for obtaining and analyzing whole chloroplast genome sequences [J]. Method Enzymol，2005，395：348-384.

[107] 张明英，王西芳，高静，等. 美丽芍药叶绿体全基因组解析及系统发育分析 [J]. 药学学报，2020，55（1）：168-176.

[108] 楼天灵，袁莉霞，张国芳，等. 铁皮石斛叶绿体基因组特征与系统发育分析 [J]. 种子，2022，41（8）：35-41.

[109] 吴茜，姜梅，陈海梅，等. 旋覆花、湖北旋覆花和线叶旋覆花的叶绿体基因组比较分析和系统发育研究 [J]. 药学学报，2020，55（5）：1042-1049.

[110] 田星，刘莹莹，张颖敏，等. 藜芦属药用植物的叶绿体基因组比较分析和系统发育研究 [J]. 中草药，2022，53（4）：1127-1137.

[111] 杨祥燕，蔡元保，谭秦亮，等. 菠萝叶绿体基因组密码子偏好性分析 [J]. 热带作物学报，2022，43（3）：439-446.

[112] 原晓龙，王毅，张劲峰. 灰毛浆果楝叶绿体基因组密码子使用特征分析 [J]. 森林与环境学报，2020，40（2）：195-202.

[113] 杨国锋，苏昆龙，赵怡然，等. 蒺藜苜蓿叶绿体密码子偏好性分析 [J]. 草业学

报，2015，24（12）：171 - 179.

[114] 刘慧，王梦醒，岳文杰，等 . 糜子叶绿体基因组密码子使用偏性的分析 [J]. 植物科学学报，2017，35（3）：362 - 371.

[115] 张复君，张秀省，等 . 中国野生蔬菜资源与开发利用研究现状 [J]. 聊城大学学报，2004，17（1）：47 - 53.

[116] 姑丽米热·艾则孜，帕提曼·阿布都热合曼，古丽波斯坦·多力昆 . 几种葱属植物的营养成分比较分析 [J]. 中国食物与营养，2016，22（9）：68 - 71.

[117] 李素美，徐萌，周爱琴，等 . 野生山韭引种栽培及营养成分分析 [J]. 江苏农业科学，2020，48（19）：156 - 159.

[118] 王忠红，德庆措姆，关志华，等 . 西藏野生宽叶韭风味物质与营养成分研究 [J]. 西北农林科技大学学报（自然科学版），2017，45（5）：153 - 167.

[119] 王忠红，朗杰，申国艳，等 . 西藏 3 个野生韭居群主要营养品质评价 [J]. 园艺学报，2017，44（6）：1189 - 1197.

[120] 朗杰，王陆州，关志华，等 . 青甘韭花叶开发利用现状与营养品质分析 [J]. 植物遗传资源学报，2018，19（1）：96 - 102.

[121] 王陆州，关志华，朗杰 . 生境对西藏 3 个野生韭居群元素含量的影响 [J]. 高原农业，2019，4（3）：386 - 371.

[122] 关志华，王忠红，朗杰，等 . 青藏高原 8 种野生葱属植物挥发性成分研究 [J]. 植物遗传资源学报，2020，21（4）：1036 - 1043.

[123] 白玛央宗，普布多吉，马超 . 高山韭挥发性成分 HS - SPME - GC - MS 分析及香料搭配应用 [J]. 西藏科技，2020（12）：16 - 35.

[124] Florian C，Reinheld C. Function properties of anthocyanins and betalains in plants food and in human nutrition [J]. Trends in Food Science and Technology，2004，15（1）：19 - 38.

[125] 李璐，姚美，张华峰，等 . 3 种葱属蔬菜水提物、醇提物与多糖的抗氧化活性研究 [J]. 陕西师范大学学报（自然科学版）. 2015，43（3）：98 - 103.

[126] 刘阳，王硕，李莎莉，等 . 四种葱属植物醇提物抗氧化活性比较 [J]. 中国调味品，2018，43（5）：80 - 83.

[127] 杨阳，何师国 . 葱属植物化感作用研究进展 [J]. 北方园艺，2016（3）：189 - 194.

[128] 潘振东 . 秦巴山区特色野菜太白韭提取物的抑菌作用机理及其应用研究 [D]. 西安：陕西师范大学，2019.

[129] 潘振东，李璐，薛梦莹，等 . 太白韭对金黄色葡萄球菌的抑制作用 [J]. 中国食

品学报，2021，21（1）：318-326.

[130] 盛艳华，李萌萌，郭云龙，等 . 薤白化学成分及其提取分离研究进展 ［J］. 特产研究，2020，42（5）：61-70.

[131] 李美萍，刘燕，张生万，等 . 细叶韭花醇提物化学成分及抑菌作用研究 ［J］. 中国调味品，2020，45（8）：35-38.

[132] 马全林，刘世增，严子柱，等 . 沙葱的抗旱性特征 ［J］. 草业科学，2008，25（6）：56-61.

[133] 严子柱，满多清，李得禄 . 沙葱（*Allium mongolicum*）解剖结构与抗旱性 ［J］. 中国沙漠，2015，35（4）：890-894.

[134] 卢媛 . 沙葱、地椒风味活性成分及其对绵羊瘤胃发酵和羊肉风味的影响 ［D］. 呼和浩特：内蒙古农业大学，2002.

[135] 赵国芬，赵志恭，敖长金，等 . 沙葱和油料籽实对羊肉品质常规指标的影响 ［J］. 饲料工业，2007，28（15）：39-42.

[136] 赵春艳，敖长金，张宇宏，等 . 沙葱对绵羊瘤胃内环境的影响 ［J］. 黑龙江畜牧兽医，2007（1）：58-59.

[137] 哈斯额尔敦，敖长金，张巧娥，等 . 沙葱水溶性提取物对绵羊瘤胃发酵功能（体外）的影响 ［J］. 内蒙古农业大学学报，2008，29（1）：26-31.

[138] 西藏自治区地方志编纂委员会 . 日喀则地区志 ［M］. 西藏：中国藏学出版社，2011：1-30.

[139] 西藏自治区农牧厅 . 西藏自治区草原资源与生态统计资料 ［M］. 北京：中国农业出版社，2017：58-59.

[140] Warren D L, Glor R E, Michael T. ENMTools: a toolbox for comparative studies of environmental niche models ［J］. Ecography，2010，33：607-611.

[141] 程鹤，刘峻麟，徐君，等 . 安徽省多花黄精适生区研究 ［J］. 中国中医药信息杂志，2021，28（9）：6-10.

[142] 武自念，侯向阳，任卫波，等 . 基于 MaxEnt 模型的羊草适生区预测及种质资源收集与保护 ［J］. 草业学报，2018，27（10）：125-135.

[143] 王娟娟，曹博，白成科，等 . 基于 Maxent 和 ArcGIS 预测川贝母潜在分布及适宜性评价 ［J］. 植物研究，2014，34（5）：642-649.

[144] Marlon E. Cobos, A. Townsend Peterson, Narayani Barve, et al. kuenm: an R package for detailed development of ecological niche models using Maxent ［J］. PeerJ，2019，7，6281-6296.

[145] 郭云霞，王亚锋，付志玺，等．基于优化 MaxEnt 模型的疣果匙荠在中国的适生区预测与分析 [J]．植物保护，2022，48（2）：40－47.

[146] 王百竹，朱媛君，刘艳书，等．典型草原建群种长芒草（Stipa bungeana）在中国的潜在分布范围预测及主要影响因子分析 [J]．草业学报，2019，28（7）：3－13.

[147] 张力天，杨时海，刘炜，等．雅鲁藏布江中上游白草主要分布区植物群落特征 [J]．生态学报，2022，42（15）：1－14.

[148] 张丽娟，娄安如．入侵植物刺萼龙葵花部性状的表型变异及其对繁殖适合度的影响 [J]．中国科学，2022，52（8）：1281－1291.

[149] 郭燕，张树航，李颖，等．燕山板栗种质资源叶片表型性状多样性研究 [J]．园艺学报，2022，49（8）：1673－1688.

[150] 杨时海．三江源区不同植物群落中草地早熟禾种群结构特征及环境因子的研究 [D]．西宁：青海大学，2007.

[151] 句娇，毕泉鑫，赵阳，等．不同种源文冠果种子及苗期性状地理变异 [J]．江西农业大学学报，2019，41（3）：529－540.

[152] 李懋学．植物染色体研究技术 [M]．哈尔滨：东北林业大学出版社，1991.

[153] 李懋学，张赞平．作物染色体及其研究技术 [M]．北京：中国农业技术出版社，1996.

[154] Levan A，Fredga K，Sandberg A A．Nomenclature for centromeric position on chromosomes [J]．Hereditas，1964，52（2）：201－220.

[155] Stebbins G－L．Chromosomal evolution in higher plants [M]．London：Edward Arnold Ltd．，1971.

[156] Arano H．Cytological studies in subfamily Carduoideae（Compositae）of Japan XI-II [J]．Bot Mag，1963，76（4）：419－427.

[157] Kuo S R，Wang T T，Huang T C．Karyotype analysis of some *Formosan gymnosperms* [J]．Taiwania，1972，17（1）：66－80.

[158] 过雪莹，朱凯琳，陈昕，等．6 个香雪兰品种的染色体核型及聚类分析 [J]．植物研究，2022，42（4）：637－646.

[159] Ewing B，Green P．Base－Calling of Automated Sequencer Traces Using Phred．II．Error Probabilities [J]．Genome Research，1998，8（3）：186－194.

[160] Cock P，Fields CJ，Naohisa G，et al．The Sanger FASTQ file format for sequences with quality scores，and the Solexa/Illumina FASTQ variants [J]．Nu-

cleic Acids Research，2009，38（6）：1767－1771.

[161] Jiang L，Schlesinger F，Davis C A，et al. Synthetic spike－in standards for RNA－seq experiments [J]. Genome Research，2011，21（9）：1543－1547.

[162] Untergasser A，Cutcutache L，Koressaar T，et al. Primer3－new capabilities and interfaces.[J]. Nucleic Acids Research，2012，40（15）：115－127.

[163] Peden J F. Analysis of codon usage [D]. Nottingham：University of Nottingham，1999.

[164] 张笑. 绞股蓝属植物系统发育和群体遗传学研究 [D]. 西安：西北大学，2019.

[165] Sharp PM，Li WH. An evolutionary perspective on synonymous codon usage in unicellular organisms [J]. Journal of Molecular Evolution，1986，24（1）：28－38.

[166] Sebastian，Beier，Thomas，et al. MISA－web：a web server for microsatellite prediction [J]. Bioinformatics（Oxford，England），2017，33（16）：2583－2585.

[167] Vilella AJ，Severin J，Ureta－Vidal A，et al. EnsemblCompara GeneTrees：Complete，duplication－aware phylogenetic trees invertebrates [J]. Genome Res，2009，19（2）：327－35.

[168] Posada D，Crandall KA. MODELTEST：testing the model of DNA substitution [J]. Bioinformatics，1998（14）：817－818.

[169] Kumar S，Stecher G，Li M，et al. MEGA X：Molecular Evolutionary Genetics Analysis across computing platforms [J]. Molecular Biology & Evolution，2018，35（6）：1547－1549.

[170] 吴海艳，曲珍，刘昭明，等. 基于主成分分析的燕麦品种生产性能的比较研究 [J]. 草地学报，2021，29（9）：1967－1973.

[171] 吴海艳. 黄河源区藏嵩草沼泽化草甸植物量及营养季节动态研究 [D]. 西宁：青海大学，2008.

[172] 刘吉祥，杜凤凤，孙林鹤等. 无土栽培水芹不同器官的氨基酸特征及其资源化利用潜力分析 [J]. 中国蔬菜，2022（07）：34－44.

[173] 何姗姗，赵财. 贵州小根蒜种质资源的形态性状和风味品质评价 [J]. 华中农业大学学报，2023，42（1）：19－26.

[174] 黄元河，黄玉镯，潘乔丹，等. 柱前衍生化HPLC法测定柊叶游离氨基酸成分及风味评价 [J]. 食品工业科技，2021，42（1）：292－296.

[175] Bertrand R，Lenoir J，Piedallu C，et al. Changes in plant community composition lag behind limate warming in lowland forests [J]. Nature，2011，479（7374）：

517 - 520.

[176] Elith J, Leathwich J R. Species distribution models: ecological explanation and prediction across space and time [J]. Annual Review of Ecology, Evolution, and Systematics, 2009, 40: 677 - 697.

[177] 杨晓玫, 姚拓, 王理德, 等. 天祝不同退化程度草地植物群落结构与物种多样性研究 [J]. 草地学报, 2018, 26 (06): 1290 - 1297.

[178] 罗巧玉, 王彦龙, 杜雷, 等. 黄河源区发草适生地植物群落特征及其土壤因子解释 [J]. 草业学报, 2021, 30 (4): 80 - 89.

[179] 拉琼, 扎西次仁, 朱卫东, 等. 雅鲁藏布江河岸植物物种丰富度分布格局及其环境解释 [J]. 生物多样性, 2014, 22 (3): 337 - 347.

[180] Xu M H, Zhang S X, Wen J, et al. Multiscale spatial patterns of species diversity and biomass together with their correlations along geographical gradients in subalpine meadows [J]. PLoS One, 2019, 14 (2): 1560 - 1586.

[181] 姜克, 葛敦. 赫章县多星韭植物资源及其群落生态特征初报 [J]. 宁夏农林科技, 2014, 55 (10): 38 - 39.

[182] 罗黎鸣, 武建双, 余成群, 等. 拉萨河谷山地灌丛草地植物多样性监测方法的比较研究 [J]. 草业学报, 2016, 25 (3): 22 - 31.

[183] 张鲜花, 朱进忠, 李海琪. 天山北坡东段与西段不同海拔鸭茅群落特征及物种多样性研究 [J]. 草地学报, 2016, 24 (4): 760 - 767.

[184] 樊正球, 陈璐真, 李振基. 人为干扰对生物多样性的影响 [J]. 中国生态农业学报, 2001, 9 (2): 31 - 34.

[185] 王建丽, 刘杰淋, 朱瑞芬, 等. 28 份籽粒苋种质资源的主要农艺性状遗传多样性分析 [J]. 草地学报, 2020, 28 (4): 1050 - 1059.

[186] 蒋亚君, 申晴, 丁西朋, 等. 柱花草种质资源表型性状的多样性分析 [J]. 草业科学, 2017, 34 (5): 1032 - 1041.

[187] 张荟荟, 梁维维, 张学洲, 等. 新疆野生老芒麦种质资源形态及生长特性分析 [J]. 草地学报, 2021, 29 (4): 701 - 708.

[188] 徐东旭, 姜翠棉, 宗绪晓. 蚕豆种质资源形态标记遗传多样性分析 [J]. 植物遗传资源学报, 2010, 11 (4): 399 - 406.

[189] 梁国玲, 刘文辉, 马祥. 590 份皮燕麦种质资源穗部性状遗传多样性分析 [J]. 草地学报, 2021, 59 (3): 495 - 503.

[190] 王亚楠, 李雯雯, 樊国全, 等. 新疆栽培杏品种间亲缘关系及表型性状的遗传多

样性研究 [J]. 新疆农业大学学报, 2019, 42 (4): 229 - 236.

[191] 马啸, 周朝杰, 张成林, 等. 扁穗雀麦种质资源形态和农艺性状变异的初步分析 [J]. 草地学报, 2015, 23 (5): 1048 - 1056.

[192] 栾非时, 崔成焕, 王金陵. 菜豆种质资源形态标记的研究 [J]. 东北农业大学学报, 2001, 32 (2): 134 - 138.

[193] 贺金生, 刘志鹏, 姚拓, 等. 青藏高原退化草地恢复的制约因子及修复技术 [J]. 科技导报, 2020, 38 (17): 66 - 80.

[194] 王明玖, 李青丰, 青秀玲. 贝加尔针茅草原围栏封育和自由放牧条件下植物结实数量的研究 [J]. 中国草地, 2001, 23 (6): 21 - 26.

[195] 南志标, 王彦荣, 贺金生, 等. 我国草种业的成就、挑战与展望 [J]. 草业学报, 2022, 31 (6): 1 - 10.

[196] 孙慧芳, 魏岩, 闫紫烟, 等. 紫花地丁花形态的季节转化对繁育系统及结实的影响 [J]. 草业学报, 2020, 29 (12): 198 - 204.

[197] 郑春风, 刘春增, 李本银, 等. 叶面喷硼对紫云英结实特性的影响 [J]. 草业学报, 2019, 28 (11): 192 - 199.

[198] 张旭, 聂刚, 黄琳凯, 等. 植物生长调节剂对鸭茅种子产量的影响 [J]. 草业学报, 2019, 28 (6): 93 - 100.

[199] 王朋磊, 剡转转, 高莉娟, 等. 白花草木樨第二次轮回选择半同胞家系农艺性状的遗传变异分析 [J]. 草业学报, 2022, 31 (1): 238 - 245.

[200] Skinner D Z, Bauchan G R, Auricht G, et al. A method for the efficient management and utilization of large germplasm collections [J]. Crop Sci, 1999, 39: 1237 - 1242.

[201] 张梦, 史鹏飞, 李本银, 等. 70 份紫云英种质资源表型多样性及其在豫南地区的结实特征 [J]. 草业学报, 2022, 31 (3): 168 - 180.

[202] 陈钊, 管永卓, 梁新平, 等. 海拔高度对披碱草属植物形态特征的可塑性 [J]. 草地学报, 2015, 23 (5): 879 - 904.

[203] 刘世增, 蒋志荣, 马全林, 等. 驯化沙葱生长及营养变化规律研究 [J]. 中国生态农业学报, 2007, 15 (5): 94 - 97.

[204] 朱宽香, 林长松, 唐彬旭, 等. 野生观赏植物多星韭种子萌发实验研究 [J]. 六盘水师范学院学报, 2017, 29 (3): 32 - 35.

[205] 张娟, 谭敦炎, 林辰壹. 野生蔬菜高葶韭种子形态特征及发芽条件研究 [J]. 种子, 2010, 29 (10): 46 - 48.

[206] 张林静，石云霞，潘晓玲，等．草本植物繁殖分配与海拔高度的相关分析［J］．西北大学学报，2007，37（1）：77-90.

[207] 张荟荟，梁维维，张学洲，等．新疆野生老芒麦种质资源形态及生长特性分析［J］．草地学报，2021，29（4）：701-708.

[208] 李国珍．染色体及其研究方法［M］．北京：科学出版社，1985.

[209] 刘慧民，陈雅君，吕贵娥，等．17种绣线菊核型特征及核型参数分析［J］．园艺学报，2010，37（9）：1456-1462.

[210] 徐洪国，祁宏英，顾灵杰．黄果龙葵和龙葵染色体制片优化及核型分析［J］．西北植物学报，2017，37（2）：387-393.

[211] 杨汉波，饶龙兵，郭洪英，等．5种桤木属植物的核型分析［J］．植物遗传资源学报，2013，14（6）：1203-1207.

[212] 赵云青，黄颖桢，刘保财，等．马蓝染色体制片技术优化［J］．福建农业科技，2021，52（7）：1-9.

[213] 谭培．两种扁穗雀麦核型分析与种子萌发期抗旱性研究［D］．杨凌：西北农林科技大学，2017.

[214] 张建波，白史且，张新全，等．川西北高原12个垂穗披碱草居群的核型研究［J］．西北植物学报，2008，28（5）：946-955.

[215] 胡夏宇，刘玉萍，苏旭，等．苦豆子不同居群染色体数目及核型分析［J］．植物研究，2023，43（1）：9-19.

[216] 邓爱辉，李珂，程银，等．不同居群老鸦瓣核型分析［J］．中药材，2016，39（3）：493-498.

[217] 周春景，周颂东，黄德青，等．中国葱属根茎组植物15种25居群的核型研究［J］．植物分类与资源学报，2012，34（2）：120-136.

[218] 薛英利，赵庆师，黄由安，等．滇山茶的花色类型与细胞内环境关系初探［J］．云南农业大学学报，2015，30（3）：455-463.

[219] 孙桂芳，杨建伟，赵艺璇，等．波斯菊9个品种核型分析［J］．河北农业大学学报，2019，42（1）：38-44.

[220] 彭海英．花楸属部分植物形态与核型研究［D］．南京：南京林业大学，2016.

[221] 陈瑞阳，宋文芹，李秀兰．中国主要经济植物基因组染色体图谱：第3册［M］．北京：科学出版社，2003.

[222] 郭玉洁，张响，郭明阳，等．6种鼠尾草属植物的核型分析［J］．河北农业大学学报，2018，41（5）：90-93.

[223] Stebbins G L. Chromosomal evolution in higher plants [M]. London：Edward Arnold，1971.

[224] 王丽平. 黄杨属五种植物的核型分析 [D]. 南京：南京林业大学，2010.

[225] 盛璐. 铁钱莲属 16 种植物的核型分析 [D]. 南京：南京林业大学，2011.

[226] 苏庆祥. 25 种柱花草染色体核型与亲缘关系分析 [D]. 海口：海南大学，2018.

[227] Olejniczak SA，Łojewska E，Kowalczyk T，et al. Chloroplasts：state of research and practical applications of plastome sequencing [J]. Planta，2016，244 (3)：517 - 527.

[228] 卞阿娜. 水仙种质资源遗传多样性及高温与盐胁迫下的生理响应 [D]. 福州：福建农林大学，2017.

[229] Thompson W F，Osorio B，Palmer J D. Evolutionary significance of inversions in legume chloroplast DNAs [J]. Current Genetics，1988，14 (1)：65 - 74.

[230] Weng M L，Blazier J C，Govindu M，et al. Reconstruction of the ancestral plastid genome in Geraniaceae reveals a correlation between genome rearrangements，repeats，and nucleotide substitution rates [J]. Molecular Biology and Evolution，2014，31 (3)：645 - 659.

[231] Jayaswall K，Sharma H，Bhandawat A，et al. Chloroplast derived SSRs reveals genetic relationships in domesticated alliums and relatives [J]. Genet Resour Crop Ev.，2021，69 (2)：363 - 372.

[232] Zhong Y，Cheng Y，Ruan M，et al. High - throughput SSR marker development and the analysis of genetic diversity in Capsicum frutescens [J]. Horticulturae，2021，7 (7)：187.

[233] Kawabe A，Miyashita N T. Patterns of codon usage bias in three dicot and four monocot plant species [J]. Genes Genet Syst，2003，78 (5)：343 - 352.

[234] Campos J L，Zeng K，Parker D J，et al. Codon usage bias and effective population sizes on the X chromosome versus the autosomes in Drosophila melanogaster [J]. Molecular Biology and Evolution，2013，30 (4)：811 - 823.

[235] Sharp P M，Emery L R，Zeng K，et al. Forces that influence the evolution of codon bias [J]. Philosophical Transactions of the Royal Society B - Biological sciences，2010，365 (1544)：1203 - 1212.

[236] Bulme R M. The selection - mutation - drift theory of synonymous codon usage [J]. Genetics，1991，129 (3)：897 - 907.

[237] Hershberg R，Petrov D A. Selection on codon bias [J]. Annual Review of Genetics，2008，42：287-299.

[238] Wei L，He J，Jia X，et al. Analysis of codon usage bias of mitochondrial genome in bombyx mori and its relation to evolution [J]. BMC Evol Biol，2014，14：262.

[239] 冯瑞云，梅超，王慧杰，等. 籽粒苋叶绿体基因组密码子偏好性分析 [J]. 中国草地学报，2019，41 (4)：8-15.

[240] 吴妙丽，陈世品，陈辉. 竹亚科叶绿体全基因组的密码子使用偏性分析 [J]. 森林与环境学报，2019，39 (1)：9-14.

[241] 王婧，王天翼，王罗云，等. 沙枣叶绿体全基因组序列及其使用密码子偏性分析 [J]. 西北植物学报，2019，39 (9)：1559-1572.

[242] Yuerong Z，Xiaojun N，Xiaoou J，et al. Analysis of codon usage patterns of the chloroplast genomes in the Poaceae family [J]. Australian Journal of Botany，2012，60 (5)：461-470.

[243] Sablok G，Nayak K C，Vazquez F，et al. Synonymous codon usage，GC3，and evolutionary patterns across plastomes of three pooid model species：emerging grass genome models for monocots [J]. Molecular Biotechnology，2011，49 (2)：116-128.

[244] Ammiraju JSS，Zuccolo A，Yu Y，et al. Evolutionary dynamics of an ancient retrotransposon family provides insights into evolution of genome size in the genus Oryza [J]. Plant J，2007，52 (2)：342-351.

[245] Jihong H，Songtao G，Zhixuan Z，et al. Genome-wide identification of SSR and SNP markers based on whole-genome re-sequencing of a Thailand wild sacred Lotus (Nelumbo nucifera) [J]. PLoS One，2015，10 (11)：e0143765.

[246] 陆阿飞. 三江源区不同地区天然草地牧草营养成分分析 [J]. 黑龙江畜牧兽医，2015 (8)：139-141.

[247] 杨胜. 饲料分析及饲料质量检测技术 [M]. 北京：北京农业大学出版社，2007.

[248] 郑清岭，郝丽珍，张凤兰，等. 内蒙古5种野生葱属植物食用性和饲用性评价 [J]. 河南农业科学，2016，45 (8)：100-106.

[249] 辛玉春，张来权. 青海省天然草地营养类型 [J]. 青海草业，2011，20 (4)：27-30.

[250] 尉小霞，杨开虎，于磊，等. 四季放牧草地营养类型与季节变化特征研究 [J].

中国草地学报，2017，39（1）：111－116.

[251] Maathuis Frans J M. Roles and Functions of Plant Mineral Nutrients [J]. Plant Mineral Nutrients，2013，(953)：1－21.

[252] 张美莉，高聚林. 沙葱生物学特性及营养价值初探 [J]. 内蒙古农业科技，1997，(5)：25－26.

[253] Yoshimura M，Takahashi H，Nakanishi T. Role of sodium，potassium，calcium，magnesium on blood pressure regulation and antihypertensive dietary therapy [J]. JpnJ Nutr，1991，49：9.

[254] 王怀凤，郭好先，永毛，等. 藏葱与栽培葱类营养品质比较 [J]. 农业科技通讯，2020，(5)：166－168.

[255] 刘兵，常远，王瑞芳，等. 葱属植物中挥发性风味物质研究进展 [J]. 食品科学，2022，43（3）：249－257.

[256] 杨定宽，季香青，曾承，等. 泡藠头中挥发性风味物质分析 [J]. 食品安全质量检测学报，2021，12（12）：4978－4983.

[257] 王斌，许浩，徐俊，等. 内蒙古野葱干的特征挥发性香气成分分析 [J]. 食品工业科技，2022，43（24）：296－304.

[258] 姚文生，马双玉，蔡莹暄，等. 基于气相-离子迁移谱技术分析烤羊肉串的挥发性风味成分 [J]. 食品工业科技，2021，42（8）：256－263.

[259] Subramanian M S，Nandagopal MS，Nordin S A，et al. Prevailing knowledge on the bioavailability and biological activities of sulphur compounds from Alliums：A potential drug candidate [J]. Molecules，2020，25（18）：4111－4126.

[260] 王彦蓉. 沙琪玛储存过程中风味变化及品质改善的研究 [D]. 广州：华南理工大学，2012.